國際
市場分析
管理，行銷與研究

鄭紅 編著

International
market
analysis

崧燁文化

‖ 目　錄 ‖

‖ 前　言 ‖

　　開展國際市場分析有利於發掘市場機會，開拓新市場，集中人力、物力投入目標市場，提高經濟效益。因此，國際市場分析直接決定公司的宏觀戰略制定、企業發展方向與重大決策，也直接影響到企業投資方向與規模、營銷策略、產品設計、廣告策略等。開展國際市場分析的目的一方面是為了巨集　觀掌控企業發展方向，另一方面也是為了企業在進行業務擴展、跨國發活動時獲得更好的經濟效益和社會效益。只有深入細緻地對企業所在或所要進入的市場進行分析，尤其是國際市場，才能瞭解國際市場的優勢和劣勢，掌控好機會和威脅，準確認清消費者的具體需求，以達到滿足社會需求和創造良好經濟效益的目標，否則不進則退，可能會使企業陷入困境甚至被兼併或被淘汰。很多企業的實踐都證明國際市場分析是企業進行國際經濟活動、適應世界潮流變化的基本要求和立足點。

　　國際市場分析的重要性毋庸置疑。然而，市場上此類教材甚少，即使是涵蓋了類似內容的書籍，如《國際市場行銷》也往往顯得內容單薄，不足以使讀者較為充分地理解國際市場。本書的編寫，希望能夠對讀者瞭解變動中的國際市場有所幫助。

　　本書在編寫體例上作了一些設計：每一章開始都會有關於章節主題的相關文獻綜述，每一章結尾都會有國際視角部分，還在其中列舉了與章節內容相關的國際案例。這種首尾呼應的編寫體例，可使讀者在學習某一章的時候首先對相關概念及研究背景有個大致瞭解，另外又可透過國際視角中的案例進行知識的加深鞏固。

　　全書的結構框架總體上分為三個部分。第一部分，國際市場分析的基本概念和調研方法。具體包括本書的前三章。
第一章國際市場分析概述中介紹了國際市場分析的概念、分析方法、主要策略及國際市場的類型；第二章國際市場分析方案的編制中介紹了國際市場分析的基本內容、分析方案的設計和編制；第三章國際市場訊息的調查方法中列舉了文案調查法、訪談法、觀察調查法、實驗調查法和網路調查法。應該說，作為國際市場分析的資料來說，國際市場的資訊如何科學、有效地獲取，直接影響到國際市場分析的成敗。

第二部分是國際市場分析的主要內容。具體包括本書的第四章至第十章。第四章介紹了經濟全球化及企業經營國際化分析；第五章為國際市場行情分析，包括現狀的分析和未來發展的預測；第六章國際市場環境分析對國際經濟環境、政治環境和社會文化環境進行了分析；第七章介紹了國際目標市場細分；第八章國際市場競爭對手分析介紹了國際市場競爭分析、競爭策略以及國際策略聯盟；第九章介紹了國際市場行銷通路的分類、選擇與管理；第十章講述了國際市場電子商務的發展及電子商務的應用分析、安全問題與法律保障。

第三部分是國際市場分析的延展內容，即第十一章的國際市場概況分析，主要簡單介紹了美國市場、歐元區市場、日本市場、俄羅斯市場、亞洲市場、拉美市場以及國際合作和案例。這部分內容側重案例介紹，為國際市場分析的實務拓寬了視野，提供了必要的範本和借鑒依據。

由於編者時間倉促以及編者學識有限，本書難免存在錯漏之處，懇請同行專家的指正，以臻完善！

編　者

第一章
國際市場分析概述

文獻綜述

文獻綜述

美國市場行銷協會（AMA）對市場調查的定義為：透過資訊把消費者、顧客、公眾和市場行銷聯繫在一起，行銷者利用這些資訊發現和確定行銷機會和問題，產生、改進和評價行銷行動，監控行銷計畫的執行情況，加深對行銷過程的理解。

對於國際市場分析的研究開始時間較早，但研究主要集中於國外的學者。國內是從近幾年才開始研究的。總體來說系統全面地對國際市場分析的還是較少，現存的大都是對某一行業或某一特定市場進行的分析。國外對國際市場的分析主要是從企業角度出發的。海因茨·韋裡克（Heinz Weihrich）於 1981 年提出在進行國際市場分析時候的 SWOT 分析法，用以全面評估被分析物件的優勢、劣勢、機會和威脅。美國經濟學家路易斯·威爾斯（Louis T. Wells，1983）在研究第三世界跨國公司時關於企業國際化經營提出了小規模技術理論，將第三世界國家的企業進行國際化經營的優勢與這些國家自身的市場特徵結合起來進行研究分析，對於一些想進行國際化發展的中小企業有一定的啟發作用。巴巴拉·傑克遜（Barbara BundJackson）在 1985 年提出對於企業而言，在進行國際市場分析的時候，還應考慮到原材料供應商、通路分銷商等關係到企業產品品質並可能影響銷售業績的幾大要素，以使企業產生最佳效益。巴尼（JB Barney，1991）提出企業可以盈利的原因是它擁有特定的稀缺資源，如人力、物力等，可以以低成本生產高品質的產品。因此企業在進行國際化策略時就會受到特有資源的影響，這也是他提出的企業國際化資源論的基礎。

由於對於國際市場分析的研究開始較晚，且權威的成果較少，主要集中於某個行業的具體國際目標市場分析，關於全面整體的對國際市場進行的研究少之又少。魯桐（2001）在其企業國際化理論發展中闡述了企業國際化理論的發展途徑，從企業的內向國際化發展和外向國際化發展兩個方面進行分析，從理論上歸納和解釋了企業國際化發展的途徑。張黎（2011）提出企業在進行國際市場分析的時候要樹立可持續發展，注重把握國家或地區的總體經濟政策和政治政策，以更好地利用市場機會。企業國際化策略問題不僅關係到企業自身發展問題，還關係到國家的競爭力發展，對於世界其他國家來講也大都如此。因此對於企業進行國際市場發展之前的國際市場分析尤為重要。

第一節　國際市場分析的概念

一、國際市場分析的概念

（一）市場分析

市場分析是對市場規模、位置、性質、特點和市場容量及吸引範圍等調查資料所進行的經濟分析。市場分析是企業在進行市場活動時不可或缺的步驟。

（二）國際市場分析

國際市場分析是指對本國以外的各個國家市場和地區市場交織在一起所形成的市場進行分析。國際市場的分析有助於企業的經營活動或在擴大企業時的策略制定，包括經濟、政治、文化、社會環境等多層面的分析。

二、國際市場分析的意義

（一）國際市場分析有助於及時把握消費者多樣化的國際市場需求

透過國際市場分析，可以更好地認識市場的商品供應和需求的比例關係，採取正確的經營策略，及時把握消費者多樣化的國際需求，滿足市場需要，提高企業經營活動的經濟效益。

（二）國際市場分析有利於捕捉動態的貿易方式和國際市場的變化特點

國際市場分析的主要目的是研究商品的潛在銷售量，有利於捕捉動態的貿易方式和國際市場的變化特點，開拓潛在市場，安排好商品在地區之間的合理分配，以及提高企業經營商品的地區市場佔有率。

（三）國際市場分析有利於中國企業正確地制定市場策略與策略

國際市場分析有益於本國企業正確地制定市場策略和策略，充分利用包括原材料、人力、物力等在內的資源，使企業在國際市場中取得成功。

三、國際市場分析的基本原則

進行國際市場分析主要有以下四項基本原則：

（一）客觀性原則

國際市場分析強調調研活動不得憑藉主觀判斷或推斷，而必須運用科學的方法，符合科學的要求，以求市場分析活動中的各種偏差極小化，保證所獲資訊的真實性、客觀性。

（二）系統性原則

國際市場分析是一個計畫嚴密的系統過程，必須從研究目的出發，按照審慎考慮的計畫和要求去收集、分析和解釋相關資料。

（三）時效性原則

國際市場分析是為了向決策者提供資訊，而非資料。資料是透過行銷調研活動所收集到的各種未經處理的事實和資料，它們是形成資訊的原料。信息是透過對資料的分析而獲得的認識和結論，是對資料進行處理和加工後的產物。

（四）導向性原則

國際市場分析是為國際行銷和國際貿易決策服務的管理工具。服務於決策是國際市場分析的基本導向。

第二節　國際市場的分析方法

對任何事物的認識都有一個從抽象到具體的過程，對市場進行系統分析時，市場是一個非常複雜的現象，對它的分析研究也必須遵循這一認識規律。市場分析在對市場這一物件進行研究時，首先對市場問題進行概括的闡述繼而以基礎理論、微觀市場、宏觀市場對市場進行較為詳盡的分析，最後對市場的各種類型進行具體的解剖，從而使人們對這個市場的狀況和運行規律既有概括的瞭解，又有具體的認識。

國際市場的分析一般可按統計分析法進行趨勢和相關分析。從預測市場銷售潛力的角度講，也可以根據已有的市場調查資料，採取直接資料法、必然結果法和複合因素法等進行市場分析。

一、系統分析法

市場是一個多要素、多層次組合的系統，既有行銷要素的結合，又有營銷過程的聯繫，還有行銷環境的影響。運用系統分析的方法進行市場分析，可以使研究者從企業整體上考慮企業經營發展策略，用聯繫的、全面的和發展的觀點來研究市場的各種現象，既看到供的方面，又看到求的方面，並預見到它們的發展趨勢，從而作出正確的行銷決策。

二、比較分析法

比較分析法是把兩個或兩類事物的市場資料相比較，從而確定它們之間相同點和不同點的邏輯方法。對一個事物不能孤立地去認識，只有把它與其他事物聯繫起來加以考察，透過比較分析，才能在眾多的屬性中找出本質的屬性。

三、結構分析法

在市場分析中，透過市場調查資料，分析某現象的結構及其各組成部分的功能進而認識這一現象本質的方法，稱為結構分析法。

四、演繹分析法

演繹分析法就是把市場整體分解為各個部分、方面、因素，形成分類資料，並透過對這些分類資料的研究分別把握特徵和本質然後將這些透過分類研究得到的認識聯結起來，形成對市場整體認識的邏輯方法。

五、案例分析法

所謂案例分析，就是以典型企業的行銷成果作為例證，從中找出規律性的東西。市場分析的理論是從企業的行銷實踐中總結出來的一般規律，它來源於實踐，又高於實踐，用它指導企業的行銷活動，能夠取得更大的經濟效益。

六、定性與定量分析結合法

任何市場行銷活動都是質與量的統一。進行市場分析，必須進行定性分析，以確定問題的性質；也必須進行定量分析，以確定市場活動中各方面的數量關係。只有使兩者有機結合起來，才能做到不僅問題的性質看得准，又能使市場經濟活動數量化，從而更加具體和精確。

七、宏觀與微觀分析結合法

市場情況是國民經濟的綜合反映，要瞭解市場活動的全貌及其發展方向，不但要從企業的角度去考察，還需從宏觀上瞭解整個國民經濟的發展狀況。這就要求必須把宏觀分析和微觀分析結合起來以保證市場分析的客觀性、正確性。

八、物與人的分析結合法

市場分析的研究物件是以滿足消費者需求為中心的企業市場行銷活動及其規律。企業行銷的對象是人。因此，要想把物送到所需要的人手中，就需要既分析物的運動規律，又分析人的不同需求，以便實現二者的有機結合，保證產品銷售的暢通。

九、直接資料法

直接資料法是指直接運用已有的本企業銷售統計資料與同行業銷售統計資料進行比較，或者直接運用行業地區市場的銷售統計資料同整個社會地區市場銷售統計資料進行比較，透過分析市場佔有率的變化，尋找目標市場。

十、必然結果法

必然結果法是指商品消費上的連帶主副等因果關係，由一種商品的銷售量或保有量而推算出另一種商品的需求量。

十一、複合因素法

複合因素法是指選擇一組有聯繫的市場影響因素進行綜合分析，測定有關商品的潛在銷售量。

———————————————————————————— ＞＞＞

國際案例

他們比母親更瞭解你——美國市場調查公司

都說沒有人比母親更瞭解你，可是，她知道你往每杯水中放幾塊冰糖嗎？可口可樂公司知道；她知道你在吃餅乾時，是先吃袋中的碎塊呢，還是先吃整塊？奧利奧公司知道；她知道你有多少條短褲嗎？遠東紡織公司知道。

為了對企業的產品開發和銷售作出正確的決策，美國許多大公司的市場調查可謂是＂無微不至＂，他們掌握的有關消費者的資訊超過了母親對子女的瞭解，有些甚至連消費者本人都說不清楚，或者從未認真考慮過。

例如可口可樂公司發現人們在每杯水中平均放 3.2 塊冰塊，每人每年平均看到 69 次該公司的廣告，自動售貨機最適宜的溫度是華氏 85 度；銀行知道每人每月大約用 24 張支票；食品及速食公司知道美國平均每人每年吃 156 個漢堡包、95 個熱狗、283 個雞蛋、5 磅優酪乳、9 磅麥片和 2 磅花生醬；P&G 公司甚至秘密調查消費者是將衛生紙折疊起來用還是揉皺後用。

有時候就是這樣一些微不足道的資訊，就可能引導你開發出一種更好的產品。美國牙膏製造商透過調查，發現 16% 的人抱怨最後的牙膏很難擠，1% 的人擰不開牙膏蓋，4% 的人丟牙膏蓋，7% 的人在擠牙膏時發生牙膏折斷，因此他們開發出自動擠出式牙膏，結果大受市場歡迎。

現代市場行銷尤其強調"消費者需要什麼"，在開發新產品時，企業對消費者瞭解得越多越好、越細越好、越深越好。只有這樣，企業才能立於不敗之地。

第三節　國際市場分析的層次

進行國際市場分析的時候，根據企業的內部需要和市場的具體情況，將國際市場分為宏觀經濟、中觀經濟和微觀經濟三個層次進行分析。

一、宏觀經濟分析

宏觀經濟分析是指分析一般經濟環境及影響未來供需平衡的因素，如產業範圍、經濟增長率、產業政策及發展方向、行業設施利用率、貨幣匯率及利率、稅收政策與稅率、政府體制結構與政治環境、關稅政策與進出口限制、人工成本、通貨膨脹、消費價格指數、訂購狀況等。

二、中觀經濟分析

這個層次主要包括以下資訊：供求分析、行業效率、行業增長狀態、行業生產與庫存量、市場供應結構、供應商的數量與分佈等。例如，如果集中於研究特定的工業部門，並且在這個層次很多資訊都可以從國家的中央統計部門和工業機構中獲得，那麼，與行業相關營利性、技術發展的勞動成本、間接成本、資本利用、訂購狀況、能源消耗等具體資訊均是需要的資訊。

三、微觀經濟分析

它的目標是對於供應商的特定能力和其長期市場地位進行透徹的分析。例如，如果集中於評估個別產業供應和產品的優勢與劣勢，那麼如供應商財務審計、組織架構、品質體系與水準、產品開發能力、工藝水準、生產能力與產量、交貨週期及準時率、服務品質、成本結構與價格水準，以及作為供應商認證程式一部分的品質審計等都是分析的內容。

— ＞＞＞

國際案例

比利時地毯商人的國際市場分析

1984 年，一個比利時地毯商人為了把自己的地毯打進阿拉伯市場，根據阿拉伯國家穆斯林教徒跪在地毯上做朝拜時必須面向麥加城方向的特點，特意設計了一種地毯。這種地毯中間嵌有永遠指向麥加城方向的指標，這樣，教徒只要鋪上了地毯，就能知道麥加城的方向所在。這一地毯一上市，就受到穆斯林教徒的廣泛歡迎，成了供不應求的熱門貨。

第四節　國際市場分析的主要策略

進行國際市場分析的時候，由於市場範圍極廣，很難詳細地一個個進行分析對比。即便是確定了目標市場，市場分析要素的繁多、涉及面較廣，也需要有一套策略來支援國際市場的分析以使得分析更加便捷、快速、有效。這裡主要就企業所在行業的國際市場進行分析策略介紹，可以利用 SWOT 分析法對行業整體情況及本企業所處的行業環境的大致情況進行分析，或運用定性分析和定量分析相結合的方法進行分析。

一、把握行業發展整體狀況

把握行業發展整體狀況有利於整體、宏觀上對行業的發展及未來趨勢進行分析掌握，如中研網資料中心於 2015 年 5 月 13 日發佈的有關中國 4 月實體經濟資料的分析報告預測："4 月的實體經濟資料顯示，第二季度首月的經濟增長可能低於 7%。因此，我們預料政府將進一步推出穩增長的措施。貨幣政策方面，我們預測，央行在第二季度將下調貸款利率 25 個基點，以此降低企業的融資成本。儘管存款準備金利率還有較大的下調空間，但央行未來是否降低準備金利率將取決於資本外流、市場流動性以及內地股市的估值。"

（一）行業宏觀發展情況

行業宏觀發展情況即行業的整體概況，包括行業的一些宏觀經濟指數，如財政收支狀況、增長率、消費增速、投資增速、市場規模、市場指數、人才供求狀況等。分析行業的宏觀發展情況能從大層次瞭解發展趨勢，為市場分析決策提供初步建議，為企業的國際化發展提供策略性的引導和支援。通常行業的宏觀發展情況可從政府及行業相關協會和專家的資料資料中得到一部分，此外還需要企業進行結合自身情況的調查研究。

（二）瞭解不同行業的需求滿足程度

研究各個行業市場的特徵、競爭態勢、市場進入與退出的難度以及市場的成長性；研究各個行業在不同條件下及成長階段中的競爭策略和市場行為模式，給企業自身發展和擴張提供策略性的建議；研究行業市場需求的性質、要求及其發展變化，行業的市場容量，行業的分銷通路模式、銷售方式等，這些研究成為對市場進行分析的重要內容。

（三）估算不同行業的市場容量

市場容量是指在不考慮產品價格或供應商的策略的前提下市場在一定時期內能夠吸納某種產品或勞務的單位數目，所以國際市場容量實際上就相當於需求量。市場容量是由使用價值需求總量和可支配貨幣總量兩大因素構成的。僅有使用價值需求沒有可支配貨幣的消費群體是貧困的消費群體，僅有可支配貨幣沒有使用價值需求的消費群體是持幣待購群體或十分富裕的群體。由於行業環境是對企業影響最直接、作用最大的外部環境，因此研究行業環境的一些大體發展情況、估算不同行業的市場容量，有助於給企業提供一些具有操作性的建議。瞭解市場潛力必須深入調查市場的容量和產品在當地的消費方式、消費增長情況。在市場容量調查中，首先，需要瞭解的是同類產品在目標市場中銷售的具體情況，如銷量、價格、受歡迎度等，並預測其未來一段時間的發展趨勢；其次，查明同類產品在當地的消費者數量和產品的消費方式、消費範圍、消費頻度，及替代品威脅相關情況、居民收入水準、消費習慣等；最後，瞭解產品在當地市場上的生命週期狀況，並結合其他因素進行綜合分析判斷，以預測產品今後的消費情況的潛力和變化趨勢。

（四）評估企業資源水準與行業中的競爭環境的匹配性

此項評估根據企業的生存背景、企業所在行業的宏觀經濟政策、行業中同類企業的佈局、企業生命週期等來進行。

（五）對不同行業進行潛力評估

在國際市場分析中，對不同行業進行研究及資料提取後，進一步進行分析和預測，瞭解不同行業的成長背景和所處發展階段，評估其發展潛力，以對本行業乃至本企業的發展作出更為合理的規劃。

二、判斷行業發展趨勢

透過分析宏觀經濟和產業政策走勢，結合產業發展現狀、競爭格局等，判斷行業發展趨勢，把握市場動向。行業生命週期（Industry Life Cycle）指行業從出現到完全退出社會經濟活動所經歷的時間。行業的生命發展週期主要包括四個發展階段：幼稚期、成長期、成熟期、衰退期。識別行業生命周期所處階段的主要指標有：市場增長率、需求增長率、產品品種、競爭者數量、進入壁壘及退出壁壘、技術變革、用戶購買行為等。在國際市場分析中，為判斷行業發展趨勢，一般應動態地進行行業生命週期的分析，尤其是結合行業生命週期的變化來看公司市場銷售與價值的變動趨勢。

三、為行業投資提供決策諮詢

前面所講的國際市場分析的策略等內容，都是為行業投資提供參考依據的。國際市場分析物件較多，包括行業環境、目標市場環境及企業自身發展狀況；分析範圍較廣，包括宏觀和微觀層面的，還有經濟、政治、法律、政策法規、社會文化、居民情況等。這些紛繁複雜的國際市場分析內容及資料為行業投資提供決策支援。

第五節　國際市場的類型

一、按照國際市場交換關係涉及的空間範圍大小劃分

按照歷史邏輯的演進和國際市場交換關係所涉及的空間範圍大小劃分國際市場可以細分為外國市場、國際區域市場和世界市場三類，本文在進行國際市場分析的時候，將三者結合起來，既考慮國家又考慮地區的特徵。

（一）外國市場

外國市場，顧名思義，指企業所在國家之外的國家或地區，非本國的都成為外國市場，當然，要透過市場分析之後才能確定外國市場是否定位為目標市場。

（二）國際區域市場

國際區域市場（International regional market），又稱為多國集團市場，是由若干個國家或地區出於一定的目的透過協定的形式結成一定緊密程度的、以一定形式存在的國際區域經濟聯合體而形成的國際市場。

（三）世界市場

世界市場是世界各國之間進行商品和勞務交換的領域。它包括由國際分工聯繫起來的各個國家商品和勞務交換的總和。可見，世界市場這一概念是由其外延和內涵兩方面構成的。世界市場的外延指的是它的地理範圍。世界市場的內涵指的是與交換過程有關的全部條件和交換的結果，包括商品、技術轉讓、貨幣、運輸、保險等業務，其中商品是主體，其他業務是為商品和勞務交換服務的。

二、按照地區劃分

按照地區劃分，國際市場可以分為歐洲市場、北美市場、亞洲市場、非洲市場、拉丁美洲市場、大洋洲市場等。

三、按照不同國家的經濟發展水準劃分

按照不同國家的經濟發展水準劃分，國際市場可以分為：

（一）已開發國家市場

發達國家（Developed Country）又稱已開發國家，指經濟發展水準較高、技術較為先進、生活水準較高的國家。另外，也稱作工業化國家、高經濟開發國家等。通常指參加經濟合作與發展組織的 24 個成員國，其中以澳大利亞、美國、英國、德國、法國、義大利、加拿大、日本最為發達。這些國家的經濟在世界上佔據重要地位，對世界經濟、政治有較大的影響。已開發國家之間 進行的國際市場交換與合作發展較為常見。

（二）發展中國家市場

發展中國家（Developing country）也稱作開發中國家、欠已開發國家，與已開發國家相對，指經濟、技術、人民生活水準程度較低的國家。發展中國家 的評價標準主要是這個國家的人均國內生產總值（人均 GDP）相對比較低， 通常指亞洲、非洲、拉丁美洲及其他地區的 130 多個國家，占世界陸地面積
和總人口的 70% 以上。發展中國家地域遼闊，人口眾多，有廣闊的市場和豐

是很好的促進發展的方式。

四、按照經濟集團劃分

隨著世界經濟的快速發展，多數國家參與了不同層次的區域經濟一體化組織，區域經濟集團的數量、範圍和規模不斷擴大，區域經濟集團佔據世界經濟的很大一部分。經濟集團化作為世界經濟全球化的組成部分，增強了世界經濟的活力。按照經濟集團劃分，國際市場可以分為以下五個市場：

①歐洲聯盟市場；
②中美洲市場；
③東南亞聯盟市場；
④西非國家經濟共同體市場；
⑤阿拉伯共同市場。

五、按照商品構成情況劃分

按照商品構成情況劃分，國際市場可以分為：

（一）工業製成品市場

工業製成品是指經過複雜加工的工業產品和商品，工業製成品市場分為機械產品市場、電子產品市場和紡織品市場。

（二）半製成品市場

半製成品是指經過一定生產過程並已檢驗合格交付半成品倉庫保管，但尚未製造完工成為產成品，仍需進一步加工的中間產品。由此類商品形成的市場即半製成品市場。

（三）初級產品市場

初級產品（Primary Commodity）又稱原始產品，指未經加工或因銷售習慣而略作加工的產品，人們透過勞動，直接從自然界獲得的、尚待進一步加工或已經簡單加工的產品。由此類商品形成的市場即初級產品市場。

六、按照交易對象劃分

按照交易對象劃分，國際市場可以分為：

（一）商品市場

商品市場是指有固定場所、設施，有若干經營者入場經營、分別納稅，由市場經營管理者負責經營物業管理，實行集中、公開交易有形商品的交易場所。

（二）勞務市場

勞務市場作為求職者與用人單位直接商談的場所，是一種新的用人方式，可跨地區、跨行業進行。勞務市場是實現勞動力在社會經濟各領域的合理配置的場所。勞務市場是勞動力交流的一種形式。

（三）技術市場

狹義的技術市場概念，是作為商品的技術成果進行交換的場所。廣義的技術市場概念是技術成果的流通領域，是技術成果交換關係的總和。

（四）資本市場

資本市場（capital market）又稱 "長期金融市場"、"長期資金市場"。是期限在一年以上各種資金借貸和證券交易的場所。

（五）勞動力市場

又稱人才市場，是指勞工供求的市場。

七、按照壟斷程度劃分

按照壟斷程度劃分，國際市場又可以分為壟斷性市場、半壟斷性市場和非壟斷性市場。關於壟斷性市場的幾種類型和特點在本書的後文會有專門介紹。

（一）壟斷性市場

壟斷性市場是指整個行業中只有唯一的一個廠商的市場組織。具體地說，壟斷性市場的條件主要有這樣三點：第一，市場上只有唯一的一個廠商生產和銷售商品；第二，該廠商生產和銷售的商品沒有任何相近的替代品；第三，其他任何廠商進入該行業都極為困難或不可能。在這樣的市場中，排除了任何的競爭因素，獨家壟斷廠商控制了整個行業的生產和市場的銷售，所以，壟斷廠商可以控制和操縱市場價格。壟斷市場又分為寡頭壟斷市場和完全壟斷市場。

（二）半壟斷性市場

半壟斷性市場是介於壟斷與非壟斷之間的一種比較現實的混合市場，是指少數幾個企業控制整個市場的生產和銷售的市場結構。

（三）非壟斷性市場

非壟斷性市場就是市場中沒有起到壟斷作用的企業的存在，是企業之間公平競爭的一種市場狀態。

————————————————————————————————— ＞＞＞

國際案例

聯合利華從泰國人生活方式中尋找商機

聯合利華（Unilever）旗下的 Citra 公司於 2013 年 10 月在泰國展開了一項美白品宣傳，呼籲女生穿著校服、手持 Citra 產品拍照片，寄給公司參加競賽，贏取"獎學金"。這本是一項典型的行銷宣傳活動，誰知竟給聯合利華招致種族歧視的指責。批評者指責該公司在選獲獎者時偏愛膚色較淺的女生。

原來，泰國處於熱帶，太陽輻射比較大，泰國人以農業為主，常常在太陽下工作，所以會曬成小麥色膚色。但是現在泰國一些不從事農業工作的人一般都是黃皮膚。膚色看遺傳，要是以後泰國的農業工作者少了，小麥色的皮膚的人會越來越少，要是一個男人膚色為小麥色說明他的父母是農業工作者（會遺傳），或者他是農業工作者。而在泰國的大中城市裡，"以白為美"成為了泰國新新人類的新的審美觀。泰國的清邁號稱"美人窩"，這裡的女人膚色白皙，身材婀娜，被譽為泰國最美的女人。在這種審美變化的潮流引導下，膚色偏白的女生往往就成了泰國人心目中的美女。當然，在今日的泰國，"白"並非每個女人所擁有。聯合利華泰國公司駁斥了近日有關其宣傳活動帶種族歧視色彩的說法。

聯合利華公司發言人2013年10月23日代表Citra公司發表聲明說："我們公司有良好的消費者責任標準。我們歡迎任何意見與批評，但我們是誠懇的，並無任何膚色歧視之意。"競賽活動主辦人說，由於參加者為大學女生，因此，公司發出獎學金，但公司不會調查得獎人是否把獎金用在教育方面。Citra公司為此項宣傳活動撥出10萬泰銖，每名參賽者的獎金介於1萬泰銖與5萬泰銖之間。

>>>

國際案例

大資料時代的商業調查

　　　　小康·財智 FORTUNE&WISDOM 2014年2月 未來的某天，你將再也見不到市場調查員的身影。你只需在超市中打開手機，市場調查機構就可以透過移動設備收集的即時資料，對你的購物路徑 甚至微表情作出判斷，從而為商業決策提供最可靠的解決方案。

　　"資料是新的石油。"亞馬遜前任首席科學家韋思岸如是說。全球最著名的管理諮詢公司麥肯錫在一份名為《大數據，是下一輪創新、競爭和生產力的前沿》的專題研究報告中也指出："對於企業來說，海量資料的運用將成為未來競爭和增長的基礎。"

　　隨著IT技術的迅猛發展，商業活動更多基於精確的資料分析作出決策，而非領導層的"拍腦門"或"靈感迸發"。

　　基於智慧移動設備和移動互聯網、運營付費移動調研樣本庫，以雲服務形式向可口可樂、寶潔、肯德基和一些大型商業銀行這樣的大客戶提供專業化的調研解決方案，這是新創企業智點開拓的一片藍海。

　　即時調查，不可能的任務

　　2013年年底，智點接受了一項研究案：為可口可樂公司即將推出的某消耗品做市場調查。可口可樂公司提出了一個看似不可能的要求：即時回饋調查內容，進行資料分析，在調查結束的同時得出分析報告，在此基礎上進行和深度調查邀請。 傳統的市場調查一般透過面對面攔訪、電話訪問、入戶調查等途徑進行。

調查執行機構透過調查進行資料分析，這需要花費大量人力、物力和時間成本，能在 72 小時內就得出分析報告的，就算是行業內的佼佼者了。

如何完成這個 "不可能的任務"？智點匯科技有限公司 CEO 彭鵬介紹："我們用了一套很豐富的圖表，比方說對某一個廣告當中出現的一個卡通人物，被調查者對它的喜愛程度，排在第一、二位元的分別是什麼情況，卡通人物有哪些特性，我們直接用圖表很直觀地看出來。從原始問卷到我們最後形成的圖表結果中間，我們做了一個小的模型轉換，資料回到我們伺服器，雲服務直接把資料處理成圖表。這個項目實際上已經做到了即時。如果沒有當下的移動互聯網技術，在傳統調查領域這是很難想像的。"

在全球範圍內，傳統的市場調查都在以驚人的速度萎縮。以歐美為例，由於法律對個人隱私的保護很完善，防騷擾的法律條文執行嚴格，傳統的入戶調查和電話調查很難得到許可。在美國，傳統的調查方式只占全部調查的 50%；在澳大利亞，這一數字甚至只有 30%。取而代之的是線上調查方式。

但在中國，線上調查僅占全部調查方式的 5%。手機 APP 是在線上調查的基礎上衍生而來的，這也意味著移動互聯網調查在中國幾近空白。隨著中國勞動力等成本不斷攀升，線上調查也將追隨國際腳步，逐漸取代傳統調查方式。

在智點之前，彭鵬一直在運營另一家叫作 "網題" 的公司。網題專門從事網路調查訪問的技術系統開發和回收資料的分析。從網題到智點，增加的是付費移動調研樣本庫。

所謂付費，對普通人來說，就是賺錢。下載一個 APP，回答一些問題，就可以得到手機話費等獎勵，這是數十萬使用者主動成為樣本庫成員的動因之一。

"我們發佈一個叫智點的 APP，普通用戶下載我們的 APP，透過手機號碼驗證成為我們的會員。在這個 APP 裡面，他會看到很多的調查項目。我們會透過會員資料篩查邀請會員，參加調查用戶可以積分，積分馬上可以兌換成手機話費或其他的實物禮品。目前，智點已有 40 多萬會員。會員就是移動調研的樣本庫。"

APP 和樣本庫整合在一起，從內容發佈到執行，執行後資料透過很主觀的圖表方式回饋給客戶，整個流程全案式的解決方式，目前在中國唯此一家。

智點接手項目，會進行測算：此次調查需要多少樣本，需要向每個樣本支付多少費用，加上系統維護成本和其他一些人工服務費用，根據測算結果向客戶收取傭金。「簡單講就是我們維護了一個大的樣本庫，客戶付費，透過我們利用樣本庫進行調查。這是目前我們的盈利途徑。」

被移動互聯網改變的市場調查

相對中國普遍 10 萬左右會員數量級的同行業競爭對手，智點僅僅憑藉會員數量，即獲得了其他企業無法企及的話語權。但智點之所以成為行業領頭羊，更在於其對移動互聯網的深耕。

在業內打拼多年的彭鵬坦承，2011 年成立智點，就是基於公司合夥人「未來趨勢是移動互聯網」的判斷。國內市場研究行業的市場規模大概是 100 億元人民幣，其中大概有 70% 相當於 70 億元人民幣細分的市場規模是執行。線上的方式逐步取代傳統方式，但在這個過程中，也遇到了很多問題。例如做訪問的時候希望去錄音、錄影、拍攝照片，但是在電腦前面做這些就很煩瑣。智慧手機的出現，把這些線上解決不了的問題解決了，未來放大的可能性比較大。「必須要占住這一先機。」彭鵬說。 智點近日為肯德基做的一項調查，就是應用了智慧手機的 GPS 功能。他們首先挑選出北京 30 家肯德基門店，只要裝了智點 APP 的用戶，在這 30 家門店方圓一公里的範圍內，就會被自動偵測到，會收到邀請，參加肯德基的調查。當用戶進入肯德基，回答一些問題，拍攝幾張照片，資料馬上回饋回到肯德基客戶服務部門，說明肯德基迅速調整銷售策略。

他們最關心的是更深層次的問題，是智慧手機所代表的智慧設備跟個人的強相關性。「我們以前很多設備諸如 PC 等，跟人其實不是強相關的。」彭鵬說。

什麼才叫強相關

市場研究的本質是研究人，盡可能多地掌握消費者的心理活動和行為模式，進行分析研究。當下，很多人可以換手機、換手機號，但決不會離開智能手機，很多人已經到了不管是上床還是上廁所 24 小時攜帶手機的地步。理論上來講，如果要透過除了人本身之外的一樣東西完全地掌握這個人，就只有智慧手機了。這就是強相關。

「研究顧客在超市的路徑和選擇，對商業企業很有價值。在過去，需要非常多的設備，類比一個類似攝影棚的超市，安裝很多鏡頭，在測試者頭上戴眼動儀等監測設備，才能獲得顧客在超市里的路徑、為什麼最終選擇某個產品、在貨架前如何移動等資料。這樣的研究非常複雜，成本很高，很少有產品有能力去做這種測試。在智慧手機出現後，這個問題就很容易解決了。智慧手機裡有很多感測器，比如鏡頭、麥克風、陀螺儀、GPS 等，只要參與者打開手機，透過陀螺儀和 GPS 就能完全獲取他的路徑等資訊。"彭鵬說。

這一切目前還只是設想，但智點正與相關技術方合作，計畫在近期推出應用於市場研究領域的新型可穿戴移動設備。"像 Google Glass 這樣的，透過鏡片清晰地看到你的眼動、你的表情。我們現在能夠做到 70% 的微表情識別，知道你滿意、不滿意、高興、有興趣等情緒變化。"彭鵬說。

"倒不是說我們的新技術有多好，只是我們的研究成果能夠讓本來離大眾很遠的技術被更多的人用到，影響到更多人的生活。"彭鵬說。

第二章
國際市場分析方案的編制

文獻綜述

文獻綜述

企業國際化的最大困難之一是對新的國外市場缺乏瞭解，對於企業來講，進軍這一新領域是極大的挑戰。因此在之前對企業進行國際市場分析，選擇適合進入的目標市場，再進一步分析目標市場的社會文化、政治、經濟等情況，確定進入新市場的方式。黃東、易志高等（2009）在對中國企業國際化的研究中，結合國內企業實際情況和傳統國際化運營理論，提出了國際化戰略模式分析模型，提出國內企業要結合自身實際情況、行業特點、市場情況，進行合理的國際化策略發展。紀春禮、李健（2010）透過對不同企業的路徑發展分析，提出企業進行國際化時要注意的情況。這些研究都是提出企業進行國際化時要注意的市場因素，模型也都是對各影響因素分析的方法。關於國際市場調研方法，目前比較具體或全面的文獻基本是空白。

市場分析的任務是有效地判斷、篩選和整合資訊，在當今激烈競爭和快速發展的社會中，決策事物的代價很大，因此一個正確的決策尤其重要。關於市場分析的研究較早，1911 年美國最大的"柯的斯"出版公司設立了第一個市場分析組織，之後有一批效仿者，包括學術界的重視。1919 年鄧楷博士出版了第一本關於市場分析的書。顧春梅（2003）認為，所謂市場分析是在對企業行銷環境進行充分分析和論證的基礎上，明確企業環境中的機會點和問題點，從而尋找利用環境機會、爭取競爭主動的方法。杜吉澤（2001）在其《市場分析》一書中將證券市場分析、勞動力市場分析、技術市場分析、房地產市場分析等內容納入了市場分析的框架之中。

第一節　國際市場分析主題的設計

為了使國際市場分析工作順利進行，保證其品質，在進行國際市場分析時，應按一定程式來進行。一個完整的國際市場分析過程通常有七個方面，具體包括：確定問題及調研目的、收集資訊資料、初步資訊收集、資訊收集設計、現場資訊收集、資料分析、撰寫和提交分析報告。因此，國際市場分析應從確定國際市場訊息收集方案的主題開始。

一、國際市場分析主題的含義及其要求

國際市場分析的主題是國際市場分析報告中的關鍵問題，主題是否明確、是否有價值，對國際市場分析報告具有決定性意義。主題是策劃者透過全部策劃過程和策劃方案所要表達的中心意思，策劃者的意圖和目的，都是透過主題得以傳達和實現的。在策劃人與客戶不是同一主體的情況下，發現並設定策劃主題的工作一般由客戶來完成。但策劃人應積極參與，與客戶一起來研究和設定策劃主題。

國際市場分析是發現和提出企業國際行銷的問題與需求，系統地、客觀地識別、收集分析和傳播資訊，從而提高與調整企業行銷決策的過程。對於企業來說，一般準備進行國際市場分析時，多數是企業準備進行重大的經營策略的決策，或者市場行銷的調整，或者遇到重大的問題並想知道該問題的最後來源。因此，應對國際市場分析的主題按企業的需求進行選擇和界定，有簡明易懂、邏輯性強的特點。在確定國際市場分析的主題時，一般可按"5W1H"原則來進行：即什麼事（What），為什麼（Why），用什麼方法（How），在什麼地方（Where），對誰（Who），什麼時間 When）。

在確定國際市場分析的主題時，一般應滿足以下基本要求：能夠明確國際市場分析的目的，並能搞清問題的關鍵所在；透過資訊收集而獲得的資料，可成為管理層得出結論的依據；明確市場分析的技術和準確度，要求所得信息和結論含義清晰。

二、確定國際市場分析主題的步驟

確定國際市場分析主題由明確選題和確定觀點兩個步驟組成。

（一）明確選題
選題是發現、選擇、確定、分析論題的過程，一般表現為國際市場分析

報告的標題。明確選題的途徑一般分為領導徵集或外單位委託和企業自選兩種。選題好壞與否的關鍵在於能否處理好分析物件的意義、服務物件的需求和企業的主觀條件。

（二）確定觀點

觀點是國際市場研究者對分析物件所持的看法與評價，是形成思路、組織材料、構成篇章的基本依據和出發點。觀點是在充分掌握材料的基礎上形成的。觀點的確定一般要經歷萌發、深化、形成三個階段。

在觀點形成過程中要遵循的原則包括：推斷要深入，分析要具體，立論要新穎。

三、確定國際市場分析主題應注意的問題

（一）資訊收集的主題必須與國際市場分析的主題相一致

一般說來，國際市場分析的主題就是國際市場分析報告的主題，因此選題也是國際市場分析主題確定的關鍵。國際市場分析的主題在資訊收集之初即已基本確定，而國際市場分析報告的主題觀點則產生在資訊收集分析之後。

（二）要根據國際市場訊息收集的結果確定觀點並重新審定主題

有的時候，國際市場分析報告的主題不一定就是國際市場分析的主題，兩者並不一致。這主要是因為國際市場分析主題涉及面寬或問題較多，因而國際市場分析報告需要重新確定主題以縮小原題的範圍；在國際市場分析主題的範圍內有些情況和問題因材料不充分，或國際市場分析較膚淺，沒有把握，而需要國際市場分析報告重新確定主題；國際市場分析過程中發現缺乏新意或價值不大，國際市場分析報告須依據實際應用價值重新確定主題，不一定局限於與國際市場分析主題相一致。

（三）國際市場分析的主題不宜過大

在進行國際市場分析主題的設計時，應注意"五不"：

①不做力不勝任的事，應做必要的、可完成的主題。

②不做含混不清的事，應做含義明確、資訊收集專案間保持聯繫的主題。

③不幻想一勞永逸的事，應反復收集資訊，盡可能保持前後專案的一致，以便於對比分析。

④不做沒有主題或主題不明確的事，應抓關鍵環節，做關鍵專案。

⑤不做"假大空"的主題。為便於反映問題，主題要相對小些、短些，同時要容易寫些。

第二節　國際市場分析的基本內容

國際市場分析可以從宏觀和微觀兩個方面進行。

一、國際市場宏觀分析

國際市場宏觀分析主要包括人口環境分析、政治法律環境分析、經濟環境分析、科技環境分析、社會文化環境分析和自然環境分析等。

（一）人口環境分析

人口是市場的第一要素，人口因素對企業經營策略的制定有重大影響。人口環境的主要指標有：人口總量、年齡結構、地理分佈、家庭結構組成、人口性別比例、人口教育水準、民族分佈等。

人口數量直接影響著社會生產總規模，人口的地理分佈影響著企業的廠址選擇；人口的性別比例和年齡結構在一定程度上決定了社會需求的結構，進而影響社會供給結構和企業生產；人口的教育文化水準直接影響著企業的人力資源狀況；家庭戶數及其結構的變化與耐用消費品的需求及其變化趨勢密切相關，因而也就影響到耐用消費品的生產規模等。

（二）政治法律環境分析

政治法律環境是指一個國家和地區的政治制度、體制、方針和法律法規等。這些因素常常影響制約企業的經營行為，尤其是影響企業較長期的投資行為。

政治法律環境分為國內政治法律環境和國際政治法律環境。國內政治法律環境包括國家制度、政黨和政黨制度、政治性團體、國家的方針政策、政治氣氛以及法律法規等。國際政治法律環境包括國際政治局勢、國際關係、目標國的國內政治法律環境等。

（三）經濟環境分析

經濟環境是指影響企業生存和發展的社會經濟狀況及趨勢、經濟體制與其運行狀況、國家經濟政策等。

經濟環境又分為宏觀和微觀兩個方面的內容。宏觀經濟環境主要指一個國家的經濟政策、人口數量及其增長趨勢、國民收入、國民生產總值及其變化情況以及透過這些指標能夠反映的國民經濟發展水準和發展速度。微觀經濟環境主要指企業所在地區或所服務地區的收入水準、消費偏好、儲蓄情況、就業程度等因素。這些因素直接決定著企業目前及未來的市場大小。

經濟環境分析常用的經濟變數有：GDP 及其增長率；貸款的可得性；可支配收入水準；居民消費（儲蓄）傾向；利率；通貨膨脹率；規模經濟；政府預算赤字；消費模式；失業趨勢；勞動生產率水準；匯率；證券市場狀況；外國經濟狀況；進出口因素；不同地區和消費群體間的收入差別；價格波動；貨幣與財政政策。

（四）科技環境分析

科技環境是指企業所處的環境中科技要素及與該要素直接相關的各種社會現象的集合，包括國家科技體制、科技政策、科技水準和科技發展趨勢等因素。科技環境分析主要是對國際國內新技術、新工藝、新材料的發展速度、變化趨勢、應用和推廣等情況進行分析。

（五）社會文化環境分析

社會文化環境是指企業所處地區在社會與文化方面所具備的基本條件，它包括民族特徵、文化傳統、價值觀、宗教信仰、教育水準、社會結構、風俗習慣等因素。社會文化環境對企業經營策略的影響是間接的、潛在的和持久的。

（六）自然環境分析

自然環境指影響企業行銷的自然資源、地形地貌、氣候條件及其變化。不同自然環境下的居民會有不同的消費需求。

二、國際市場微觀分析

國際市場微觀分析主要包括市場需求分析、消費者分析、競爭對手分析、市場行銷因素分析。

（一）市場需求分析

市場需求是指一定的顧客在一定的地區、一定的時間、一定的市場行銷環境裡和一定的市場行銷方案下對某種商品或服務願意購買而且能夠購買的數量。可見市場需求是消費者需求的總和。市場需求的構成要素有兩個：一是消費者願意購買，即有購買的欲望；二是消費者能夠購買，即有支付能力，兩者缺一不可。

反映市場需求的指標主要有：人口、產品的總銷售額、銷售量、市場占有率、潛在需求、社會購買力、購買力投向等。

（二）消費者分析

消費者分析主要是對消費者的人口狀況、購買動機和購買行為的分析。

消費者的人口狀況主要包括總人口、家庭及家庭平均人口、人口地理分布、年齡及性別構成、教育程度、職業構成、民族傳統習慣等。消費者的購買動機就是為了滿足一定的需要而引起其購買行為的願望和意念。消費者的購買行為是消費者購買動機在實際購買過程中的具體表現，即何時購買、何處購買、由誰購買、如何購買、購買原因等。

（三）競爭對手分析

競爭對手分析主要側重於企業與競爭對手的比較研究。透過對成本和經營活動的比較，找出本企業的競爭優勢，從而揚長避短、避實就虛地開展經營，提高企業的競爭能力。

競爭對手分析的內容主要有以下幾個方面：

1. 競爭對手的基本條件

包括競爭對手的數量、業務範圍、資金狀況、經營規模、人員構成、組織結構等。

2. 競爭對手的產品情況

包括競爭對手的產品品牌、性能、價格、經銷通路、市場佔有率等。

3. 競爭對手的市場溝通研究

包括競爭對手的政府資源、公共關係、促銷方式、廣告策略以及形象策略等。

（四）市場行銷因素分析

市場行銷因素分析主要包括國際市場、價格、通路和促銷活動的分析等。

1. 產品的國際市場分析 主要分析市場上新產品開發的情況、設計的情況、消費者使用的情況、消費者的評價、產品生命週期階段、產品的組合情況等。

2. 產品的價格分析 主要分析消費者對價格的接受情況、對價格策略的反應等。 3. 通路分析

主要包括分析通路的結構、中間商的情況、消費者對中間商的滿意情況等。

4. 促銷活動分析

主要包括分析各種促銷活動的效果，如廣告實施的效果、人員推銷的效果、營業推廣的效果和對外宣傳的市場反應等。

第三節　國際市場分析方案的編制

國際市場分析方案的編制是指透過系統地評估企業本身的資源狀況、任務目標、對應的國際環境變化等為達到企業目標而進行的策略戰術的準備工作，表面上看是流程式的存在，卻有十分重要的意義。20 世紀 80 年代後出現的多元化競爭局面，使得越來越多的企業注意國際市場分析方案的編制工作，它關係到企業較長期的策略方向與發展模式。

一、國際市場分析方案

國際市場分析方案也叫國際市場分析規劃書，是指在正式資訊收集之前，根據國際市場分析的目的和要求，對資訊收集的各個方面和各個階段所作的通盤考慮和安排。國際市場分析方案是否科學、叮行，關係到整個國際市場分析工作的成敗。

二、國際市場分析方案的主要內容

（一）國際市場分析的目的要求

根據國際市場分析目標，在國際市場分析方案中應列出本次國際市場分析的具體目的要求。例如，本次國際市場分析的目的是瞭解某產品的消費者購買行為和消費偏好情況等。

（二）國際市場分析的資訊收集物件

國際市場分析的資訊收集物件一般為消費者、零售商、批發商，消費者一般為使用該產品的消費群體，零售商和批發商為經銷產品的商家。在以消費者為資訊收集物件時，要注意到一些產品的消費物件主要針對某一特定消費群體或側重於某一消費群體，這時資訊收集物件應注意選擇產品的主要消費群體，如對於高跟鞋，資訊收集物件主要選擇女性；對於刮鬍刀產品，其資訊收集物件主要為男性。此外還應注意到有時某一產品的購買者和使用者不一致。如對嬰兒車的資訊收集，其資訊收集物件應為孩子的母親。

（三）國際市場分析的內容

可根據國際市場分析的目的確定分析的內容。國際市場分析的內容要全面、具體且條理清晰、簡練，避免把無關的內容列入其中。

（四）調查表

調查是國際市場分析的基本工具。調查表的設計品質直接影響到國際市場分析的品質。設計調查表要注意以下幾點：

①調查表的設計要與國際市場分析主題密切相關，重點突出，避免可有可無的問題。

②調查表中的問題要容易被調查者接受，避免出現被調查者不願回答或令被調查者難堪的問題。

③調查表中的問題次序要條理清楚，順理成章，符合邏輯順序，一般可將容易回答的問題放在前面，較難回答的問題放在中間，敏感性問題放在最後；封閉式問題安排在前，開放式問題安排在後。

④調查表的內容要簡明，儘量使用簡單、直接、無偏見的詞彙，保證被調查者能在較短的時間內完成調查表。

（五）國際市場分析的地區範圍

國際市場分析的地區範圍應與企業產品銷售範圍相一致。當在某一城市做國際市場分析時，範圍應為整個城市，再在城市中劃定若干個小範圍分析區域。劃分原則是使各區域內的綜合情況與城市的總體情況分佈一致，將總樣本按比例分配到各個區域，在各個區域內實施分析。

（六）樣本的抽取

樣本的抽取數量的多少可根據國際市場分析的準確程度的要求確定。國際市場分析結果準確度要求愈高，抽取樣本數量應愈多。一般可根據國際市場分析結果的用途情況確定適宜的樣本數量。經驗資料顯示，實際國際市場分析中，在一個中等以上規模城市可選擇 200 ～ 1000 個樣本，樣本的抽取可採用統計學中的抽樣方法。

（七）資料的收集和整理方法

在國際市場分析中，常用的資料收集方法有資訊收集法、觀察法和實驗法，一般來說，前一種方法適宜於描述性研究，後兩種方法適宜於探測性研究。企業做國際市場分析時，採用資訊收集法較為普遍。資訊收集法又可分為面談法、電話資訊收集法、郵寄法、留置法等。這幾種資訊收集方法各有其優缺點，適用於不同的資訊收集場合，企業可根據實際調研專案的要求來選擇。資料的整理方法一般可採用統計學中的方法，利用 Excel 工作表格可以很方便地對資訊收集表進行統計處理，獲得大量的統計資料。

三、國際市場分析方案制訂的程式

（一）確定國際市場分析的目的和任務

國際市場分析的目的是指特定的資訊收集課題所要解決的問題，即為何要進行資訊收集、要瞭解和解決什麼問題、資訊收集結果有什麼用處。國際市場分析的任務是指在國際市場分析目的既定的條件下，國際市場分析應獲取什麼樣的資訊才能滿足資訊收集的要求。明確國際市場分析的目的和任務是國際市場分析方案制訂的首要問題，因為只有國際市場分析目的和任務明確，才能確定資訊收集的物件、內容和方法，才能保證國際市場分析具有針對性。

（二）確定資訊收集物件和資訊收集單位

確定資訊收集物件和資訊收集單位是為了明確向誰收集資訊和由誰來提供資料的問題。資訊收集物件是根據資訊收集目的和任務確定的一定時空範圍內的所要收集資訊的總體，它是由客觀存在的具有某一共同性質的許多個體單位所組成的整體。資訊收集單位就是資訊收集總體中的各個個體單位，它是資訊收集專案的承擔者或資訊源。

（三）確定資訊收集專案

資訊收集專案是將要向資訊收集單位收集資訊的內容。資訊收集專案的確定取決於資訊收集的目的和任務，以及資訊收集物件的特點與資料資料搜集的可能性。

（四）設計資訊收集表或問卷

資訊收集專案確定之後，就可設計資訊收集表或者問卷，作為國際市場分析搜集國際市場分析資料的工具。資訊收集表或問卷既可作為書面資訊收集的記載工具，亦可作為口頭詢問的提綱。資訊收集表是用縱橫交叉的表格按一定順序排列資訊收集專案的形式；問卷是根據資訊收集專案設計的對被資訊收集者進行資訊收集、詢問、填答的測試試卷，是國際市場分析搜集資料的常用工具。

（五）確定資訊收集的時間和資訊收集的期限

資訊收集時間是指資訊收集資料的所屬時間，即應搜集資訊收集物件何時的資料。確定資訊收集的時間是為了保證資料的統一性，否則，資料無法分類和匯總，導致國際市場分析失效。

資訊收集期限是指整個資訊收集工作所佔用的時間，即一項資訊收集工作從資訊收集策劃到資訊收集結束的時間長度。一般來說，應根據資訊收集課題的難易程度、工作量的大小、時效性要求合理確定資訊收集的期限，並制定資訊收集進度安排表。

（六）確定資訊收集的方式和方法

資訊收集方式和方法應根據資訊收集的目的和任務、資訊收集物件的特點、資訊收集費用的多少、資訊收集的精度要求作出選擇。資訊收集方式和方法的確定應考慮資訊收集資料搜集的難易程度、資訊收集物件的特點、數據取得的源頭、資料的品質要求等。若資訊收集課題涉及面大、內容較多，則應選擇多種資訊收集方法獲取資料和資料。既要獲取現成的資料，又要獲取原始資料。

例如，商場顧客流量和購物資訊收集通常採用系統抽樣資訊收集的組織方式，即按日曆順序等距抽取若干營業日收集顧客流量和購物情況；而搜集資料的方法主要有顧客流量的人工計數或儀器計數、問卷測試、現場觀察、顧客訪問、焦點座談等。

（七）確定資料整理的方案

資料整理是對資訊收集資料進行加工整理、系統開發的過程，其目的在於為市場分析研究提供系統化、條理化的綜合資料。為此，應確定資料整理的方案，對資料的審核、訂正、編碼、分類、匯總、陳述等作出具體的安排。大型的國際市場分析還應對電腦自動匯總軟體發展或購買作出安排。

（八）確定分析研究的方案

國際市場分析資料的分析研究是對資訊收集資料進行深度加工的過程，其目的在於從資料導向結論，從結論導向對策研究。為此，應制訂分析研究的初步方案，對分析的原則、內容、方法、要求和資訊收集報告的編寫、成果的發佈等作出安排。

（九）確定國際市場分析的進度安排

確定國際市場分析的主要階段及各個階段的時間節點，以及每個階段、每個環節由什麼人做什麼事、需要多少時間。

（十）國際市場分析經費預算

在進行預算時，要將可能需要的費用盡可能考慮全面，以免將來出現一些不必要的麻煩而影響資訊收集的進度。例如，預算中沒有鑒定費，但是信息收集結束後需要對成果作出科學鑒定，否則無法發佈或利用。在這種情況下，課題組將面臨十分被動的局面。當然，沒有必要的費用就不要列上，必要的費用也應該認真核算出一個合理的估數，切不可隨意多報亂報。不合實際的預算將不利於調研方案的審批或競標。因此國際市場分析預算既要全面細緻，又要實事求是。

（十一）制訂資訊收集的組織計畫

資訊收集的組織計畫，是指為了確保資訊收集工作的實施而制訂的具體的人力資源配置的計畫，主要包括資訊收集的組織領導、資訊收集機構的設置、資訊收集員的選擇與培訓、課題負責人及成員、各項調研工作的分工，等等。企業委託外部國際市場分析機構進行國際市場分析時，還應對雙方的責任人、連絡人、聯繫方式作出規定。

（十二）撰寫國際市場分析計畫書

以上國際市場分析方案制訂的內容確定之後，國際市場分析策劃人員則可撰寫國際市場分析計畫書（國際市場分析總體方案或資訊收集專案建議書），以供企業領導審批，或作為調研專案委託人與承擔者之間的合同或協議的主體。國際市場分析計畫書的構成要素包括標題、導語（或摘要）、主體和附錄等。其中，主體部分主要包括以上十一個方面的內容（有些內容如制訂資訊收集的組織計畫亦可列入附錄中）。附錄主要包括資訊收集專案的負責人及主要參加者、抽樣方案及技術說明、問卷及有關技術說明、資料處理所用軟體等。

———————————————————————————— ＞＞＞

國際案例

CLEAR 淨洗髮精的市場細分與定位

一、"CLEAR" 品牌介紹

2007 年 4 月 27 日，國際快速消費品業巨頭聯合利華公司在北京召開新聞發佈會，高調宣佈——該公司進入中國市場 10 年以來推出的第一款新產品、全國首款 "男女區分" 去屑洗髮精 "CLEAR" 正式上市。其間，聯合利華高層指出，從 2007 年開始將憑藉 "CLEAR" 在全球去屑洗髮精領域的專業優勢搶佔去屑洗髮精市場。"如果有人一次又一次對你撒謊，你要做的就是立刻甩了他" ——這是 CLEAR 廣告片中的廣告語，置身當前競爭激烈的市場環境中，清揚離奇、自信的畫外之音顯得意味深長。一時間，臺灣知名藝人小 S（徐熙娣）所代言的 CLEAR 洗髮精廣告頻頻出現在各種高端雜誌上，佔據了中國各大城市戶外廣告的核心位置，打開電視機——無論央視、衛視及地進入國內各大門戶網站，CLEAR 廣告無處不在。

長期以來，在寶潔與聯合利華的洗髮精大戰中，寶潔無論是在品牌影響力、市場規模還是在市場佔有率方面，都處於絕對優勢。特別是在去屑洗髮精市場領域，聯合利華一直都沒有一個優勢品牌足以同寶潔的海飛絲相抗衡。作為聯合利華 10 年來首次推出的新品牌，CLEAR 旨在彌補、提升其在去屑洗髮 水市場競爭中的不足和短板。

二、"CLEAR" 洗髮精的功能定位：去屑

（一）"CLEAR" 洗髮精面市的市場背景 在聯合利華等外國日化公司進入中國市場以前，消費者對洗髮精的要求無非是乾淨、清爽，並無去屑、柔順、營養等多重要求。經過近 20 年的發展，中國消費者對洗髮精的品牌意識已經被各大公司培養出來，同時消費者對頭 發的關注日益增加，為新的洗髮精概念進入市場提供了廣泛的顧客基礎。各 洗髮精品牌紛紛打出富有新意的定位以獲取自己的一席之地，極大地刺激了 中國洗髮精品牌的繁榮。賽迪顧問公司的研究結果表明，2006 年中國洗護髮 產品市場銷售額達 220 億元左右，市場上的洗髮精品牌超過 3 000 個，其中寶潔（中國）有限公司的洗髮精市場就占到 60% 多。中國洗髮精市場已經高度集中和壟斷。寶潔、聯合利華、絲寶集團、拉芳集團占去了 80% 左右的市場份額；好迪、采樂、蒂花之秀、飄影等二線品牌又搶佔了 13%；剩下 7% 左右的市場，則被上千個三線、四線品牌瓜分。更為嚴峻的是，自 2006 年開始 中國洗髮精市場增長減緩，2007 年各洗髮精品牌的競爭更是激烈異常。市場 的壓力和巨大的利潤使各品牌在定位上各創新招，期望找到刺激消費者 購買的新亮點。

（二）去屑洗髮精市場現狀 就洗髮精的功能定位而言，
去屑洗髮精是洗髮精目前最大的細分市場。
大約占洗髮精市場一半的比例。作為一個有著 100 多億元的市場，巨大的市場吸引幾乎所有的洗髮護髮品牌都建立了去屑的品種。經過 10 餘年的市場培育和發展演變，海飛絲的 "頭屑去無蹤，秀髮更出眾" 早已深入人心。人們只要一想到去屑，第一個想到的就是海飛絲。另外，隨著風影的 "去屑不傷發" 的承諾 使之在這個細分市場也擁有了一席之地。專業市場調查資料顯示，去屑市場 80% 的市場份額一直以來都被寶潔系列的海飛絲品牌所佔據，而眾多本土品牌則蠶食著剩餘的 20% 的市場存量，相比之下，呈現出的兩極分化現象十分嚴重。

　　去屑概念一直是洗髮精市場一個重要訴求點，市場競爭激烈。但消費者調查表明，人們對現有產品的去屑效果並不滿意。中華醫學會科學普及部公佈最近對 5351 人進行的網路調查顯示，對於"去頭皮屑"這個日常問題，60% 的人對去屑效果不滿意。由此可見，消費者對去屑品牌認同的程度並不太理想，市場潛力仍然巨大。

　　儘管進入中國市場早於寶潔並擁有麗仕、夏士蓮等知名品牌，相對於寶潔巨大的洗髮精品牌家族所取得的成績而言，聯合利華的表現不盡如人意。特別是在去屑市場上，聯合利華沒有一個像"海倫仙度絲"那樣專門的去屑品牌，使其洗髮精品牌家族在市場覆蓋面上產生很大的缺失。所以"CLEAR"被聯合利華寄予厚望，聯合利華提出 CLEAR 的策略目標和未來願景是要在未來三年內成為中國洗髮精去屑市場上的領袖品牌。

　　（三）CLEAR 去屑新訴求："維他礦物群"去屑 "CLEAR"是聯合利華進入中國市場 10 年以來首次推出的新品牌品牌定位為"專業去屑"。聯合利華（中國）公司認為專業防治型去屑產品是目前的市場空缺，是當前去屑市場所面臨的最大問題，而依託於數十年專業去屑研究經驗的聯合利華企業對 CLEAR 在中國市場的未來表現充滿信心，CLEAR 信心百倍地作出承諾，要帶領中國消費者走出 20 年來頭皮屑痼疾的困擾。

　　CLEAR 去屑新訴求是"維他礦物群"去屑。聯合利華表示，CLEAR 是法國清揚技術中的研究結晶，產品的附加值突破在於"維他礦物群"去屑，對此聯合利華擁有全球專利及臨床測試驗證，同時為"維他礦物群"進行了商標知識產權註冊。聯合利華公司表示其一直在為研究適合中國人的去屑產品而努力，在過去 10 年中，聯合利華研發中心在中國已為超過 3 000 名消費者進行過臨床實驗，以更多瞭解中國消費者的頭皮狀況和問題，從而為中國消費者提供更精純的去屑產品配方。CLEAR 在進入中國以前，已經在南美、歐洲及東南亞地區去屑市場成為了當仁不讓的第一品牌，並被數億消費者證實了其在去屑方面的功效。因此，CLEAR 也將是中國市場的最佳去屑產品。

　　CLEAR 用"科技保健"引導消費者，產品宣傳中強調"深入去屑，治標治本"，強調專業性。聯合利華宣稱"CLEAR"是"消費者信賴的頭皮護理專業品牌"，其去屑功能是針對頭皮護理，並透過廣告的方式強化頭屑由頭皮產生這一少有競爭對手關注的消費者固有心理認知，表明"CLEAR"對去屑的根本作用，有效地與其他去屑品牌形成品牌區隔。

三、"CLEAR" 洗髮精市場細分創新：性別細分

作為一個新品牌，想在品牌林立的中國去屑洗髮精市場分一杯羹，"CLEAR" 必然需要在品牌推出之前找出去屑市場的定位空白點。傳統洗髮精市場細分 常常以功能為標準劃分，如去屑、營養、柔順、防脫髮、黑髮等，或以頭髮 顏色來細分黑頭發專用、染髮專用等。CLEAR 首次以性別為細分變數，將市場 細分為男士用、通用和女士用市場，並選擇男士和通用細分市場作為目標市場。 雖然只是簡單的性別細分，但在洗髮精市場上的確存在男性和女性不同市場 的不同需求，而這個需求差異一直是廠家所忽略的。CLEAR 的性別細分在情理 之中又在意料之外，這一細分市場的創新使消費者耳目一新，市場上刮起了 一股強勁的 "CLEAR" 風。

"CLEAR" 將旗下產品分男士和通用兩大系列共 34 個品種，作為首家推出 男士去屑洗髮精的品牌，"CLEAR" 透過 "倍添維他礦物群" 這一概念的宣揚， 表明其對男士洗髮的關注，可謂開創了男士去屑洗髮精的 "藍海" 領域；並 透過男士系列與通用系列兩大陣容所形成的品牌組合構成了聯合利華 "專業去屑" 的洗護完整產品線，極大限度地滿足消費者的要求。同時，在宣傳過程中，透過說教式的廣告語言展示 "CLEAR" 對男士頭屑問題的研究，令消費 者產生去屑洗髮精分 "女士洗髮精" 和 "男士洗髮精" 的心理認知，有效地 將 "CLEAR" 與其他眾多去屑品牌區分開來。

四、"CLEAR" 洗髮精定位的立體式傳播

聯合利華在宣傳過程中處處表明 "CLEAR" 的去屑功能，並試圖透過傳播 培養中國消費者對待頭屑問題的正確態度來引導消費者。CLEAR 在傳播中指出， 中國消費者在洗髮精使用中存在四大誤區——洗髮精男女混用、重沖洗輕滋 養、頭皮營養失衡、洗髮護髮習慣不良，識別這些誤區並加以改進是改善頭 發的根本。

為了使 "CLEAR" 迅速搶佔市場，聯合利華髮起了 "CLEAR" 洗髮精巨大的 宣傳攻勢，據透露，聯合利華為 CLEAR 品牌的市場推廣準備了不低於 3 億元的 市場費用預算，用以保障廣告投入、業務銷售和品牌推廣等各項業務工作的 有序推進。無論是線上上廣告和線下廣告，"CLEAR" 相比 "海倫仙度絲" 都佔據了

第三章
國際市場訊息的調查方法

文獻綜述

文獻綜述

　　國際市場訊息的調查借鑒的是一般市場調查的方法。市場調查起源於美國，第一次系統調查是由廣告代理商艾耶父子廣告公司（N.W.Ayer）做的，第二次是 20 世紀末杜邦公司做的。市場調查一詞是由英文 Marketing Research 翻譯而來，美國市場調查協會對市場調查的定義為：市場調查是收集、記錄和分析有關生產者將貨物與勞務轉移或銷售給消費者過程中各種問題的全部事實。美國市場行銷協會（American Marketing Association，AMA）認為市場調查可以確定解決問題所需的資訊，涉及收集資訊的方法、管理和實施收集資訊的過程、分析調查的結果、彙報調查的結論。芝加哥大學的鄧楷教授（1919）的《商業調查》、懷特（1921）的《市場分析》、美國市場行銷協會組織專家（1937）集體編寫的《市場調查技術》對市場調查資料分析方法進行了初步闡述，這些學術研究都為市場調查的發展作出了貢獻。

　　心理學教授哈洛·蓋爾（Harlow Gale）早在 1895 年就透過郵寄問卷的市場調查方法研究廣告。20 世紀 30 年代末，開始根據收入、性別、家庭地位等方面的差異對被調查者進行分類。20 世紀 40 年代羅伯特·莫頓（Robert Merton）採用小組訪談法進行市場調查，抽樣調查法得到了認同與傳播。市場調查的方法多種多樣，其選擇的合理與否對調查結果影響很大，主要的調查方法有：訪問法、觀察法、實驗法和文案法。產品、價格、通路決策、促銷決策都需要進行市場調查。隨著社會和世界經濟的發展，市場調查資料的統計分析方法得到完善，一些網路技術應用在了市場調查方法當中。

　　吳必虎、徐斌等提到，針對旅遊業蓬勃發展的趨勢，一些研究機構採用抽樣調查技術對居民的出遊狀況進行研究。一些旅遊城市的旅遊部門對城市公園進行了抽樣調查，如杭州市旅遊局對西湖風景區的遊客狀況進行了較大規模的問卷抽樣調查。20 世紀末，麥肯錫、明泰爾（Mintel）、蓋洛普等眾多國外調查公司或機構進入中國，同時中國的市場調查公司或團體也慢慢發展。 現在國際市場分析的調查方法多種多樣，在沿用傳統調查方法的基礎上，利用網路帶來的新媒體使得國際市場的調查更加便捷化。同時，專業做國際 市場調查的組織機構或企業的完善與發展也使得國際市場的調查更加專業和 精準。

第一節　文案調查法

文案調查法是指利用企業內部和外部現有的各種資訊、情報資料，對調查內容進行研究的一種調查方法，也稱資料查閱尋找法、間接調查法、資料分析法或室內研究法。國際市場分析人員透過對二手資料的收集，可以使企業管理者迅速瞭解相關資訊，把握市場機會；也可以幫助國際市場分析人員對要瞭解的市場情況有初步認識，為進一步的直接調查奠定基礎。

一、文案調查法的特點

調查必須選用科學的方法，調查方法選擇恰當與否，對調查結果影響甚大。各種調查方法都有利有弊，只有瞭解各種方法，才能正確選擇和應用。
　　與實地調查法相比，文案調查法有以下幾個特點：

（一）收集已經加工過的文案
文案調查是收集已經加工過的文案，而不是對原始資料的搜集。

（二）以收集文獻性資訊為主
文案調查以收集文獻性資訊為主，它具體表現為收集各種文獻資料。在中國，目前主要以收集印刷型文獻資料為主，以收集電子文獻資料為輔。文獻資料的特點是資料數量巨大、資訊分佈廣泛、內容重複交叉、品質良莠不齊等。

（三）動態和靜態

文案調查所收集的資料包括動態和靜態兩個方面，尤其偏重於從動態角度收集各種反映調查物件變化的歷史與現實資料。

二、文案調查法的功能

文案調查法作為對資訊收集的重要手段，在國際市場分析中，有著特殊地位。文案調查法的功能表現在以下四個方面：

（一）文案調查可以發現問題並提供重要參考

根據國際市場分析的實踐經驗，文案調查常被作為調查的首選方式，幾乎所有的調查都可始於文案調查，它可以發現問題並提供重要參考。

（二）文案調查可以為實地調查創造條件

文案調查往往可以為實地調查提供經驗和大量背景資料。例如，透過文案調查，可以初步瞭解調查物件的性質、範圍、內容和重點等，並能提供實地調查無法或難以取得的各方面的宏觀資料，便於進一步開展和組織實地調查，取得良好的效果。

（三）文案調查可用於經常性的調查

文案調查具有較強的機動靈活性，能隨時根據需要，收集、整理和分析各種調查資訊。

（四）文案調查不受時空限制

從時間上看，文案調查不僅可以掌握現實資料，還可獲得實地調查所無法取得的歷史資料。從空間上看，文案調查既能對內部資料進行收集，又可掌握大量的有關外部環境方面的資料。文案調查尤其適用於地域遙遠、條件各異、採用實地調查需要更多的時間和經費的調查。

三、文案調查法的資訊來源

（一）企業內部資料

企業內部資料主要是反映企業生產經營活動和企業市場經濟活動的多種記錄，主要包括企業生產經營活動資料和市場環境資料兩方面內容。

1. 企業生產經營活動資料

包括：①企業在經營活動中積累的發票、銷售記錄、購銷合同、訂貨單、進貨單、出貨單、存貨單、業務員訪問報告、顧客回饋資訊、促銷資料等業務經營資料；②企業的產品產值、產量、銷售量、庫存量、單位成本、原料消耗量等統計資料；③企業各種財務、會計核算和分析資料，包括生產成本、銷售成本、各種商品價格及經營利潤等財務資料；④企業各種台賬、開發設計方案、總結、報告等生產技術資料；⑤企業文書、檔案部門長期積累的各種規章制度、計畫總結、合同文本等檔案資料；⑥企業積累的各種調查報告、工作總結、上級文案資料、政策法規、顧客意見、照片、錄音、錄影、剪報、檔案卷宗等其他資料。

2. 市場環境資料

包括：①市場大小、增長速度、市場變化趨勢等市場容量資料；②購買者、購買動機、購買數量、使用人群等顧客資料；③各階段通路成本、中間商情況等分銷通路資料；④同行業競爭者和同類可替代產品生產製造企業的產品目標市場、行銷策略、企業優勢及劣勢等競爭者資料；⑤經濟形勢、社會環境、政府政策等宏觀環境資料。

（二）企業外部資料

企業外部資料是文案調查法的主要資料來源，主要包括：統計部門、政府機構公共資料；各類資訊諮詢機構、行業協會提供的相關情報；各種媒體、展會提供的資料等。

（三）互聯網資料

當今，互聯網上的原始電子資訊比其他任何形式存在的資訊都更多，這些電子資訊裡面有很多內容是文案調查所需要的情報。

互聯網的特徵是容易進入，查詢速度快，資料容量大，同其他資源連結方便。在互聯網上，要查找的東西只要網上有立即可以得到。

四、文案調查的方法

（一）篩選法

篩選法是指從各類資訊資料中分析和篩選出與企業生產經營有關的資訊資料的一種方法，主要是從印刷資料中篩選。印刷資料主要有圖書、報刊、論文集、專利資料、會議資料、政策檔、各類報告等。篩選法具有獲得數據方便、傳播廣泛、便於長期保存和直接利用等特點。

（二）剪輯法

剪輯法是指從各類資訊資料中透過剪輯的方式搜集和分析資訊資料的一種方法。這種方法能夠獲得與企業生產經營相關的重要資料資訊。

（三）情報聯絡網法

情報聯絡網法是指企業在一定範圍內設立情報聯絡網，使資料搜集工作可延伸到企業想要涉及的地區。企業可在重點地區設立固定情報點，派專人負責情報搜集工作。

（四）購買法

購買法是指透過購買資訊資料搜集和分析資訊資料的一種方法。例如，購買統計年鑑、企業名錄等。另外，各類專業資訊諮詢機構和市場調研機構也會提供一些重要市場調查報告的有償服務。

五、文案調查法的優點和應用

與實地調查法相比，文案調查法有以下優點：成本相對較低，資料比較容易找到，收集資料所用的時間相對較短。鑒於上述優點，文案調查法常常是市場調查的首選方法，幾乎所有的市場調查都可以始於收集二手資料，只有當二手資料不足以解決問題時，才進行實地調查。

六、文案調查法的局限性

文案調查法有一定的局限性，主要表現在以下幾個方面：

第一，文案調查依據的主要是歷史資料，其中過時資料比較多，現實中正在
發生變化的新情況、新問題難以得到及時地反映。
　第二，所收集、整理的資料和調查目的往往不能很好地吻合，對解決問題不
能完全適用，收集資料時易有遺漏。 第三，文案調查要求調查人員有較扎實
的理論知識、較深的專業技能，否則在工作中將力不從心。此外，文案調查
所收集的文案的準確程度較難把 握，有些資料是由專業水準較高的人員採用
科學的方法搜集和加工的，準確 度較高；而有的資料只是估算和推測的，準
確度較低。

第二節　訪談調查法

　　訪談調查法是指透過詢問的方式向被調查者瞭解市場情況的方法。調查者
可以將所要瞭解的問題直接向被調查者提出，以其口頭回答作為調查的原始資
料；也可以把所要搜集的資料事先設計成問卷，利用問卷向被調查者詢問。

一、訪談調查法的分類

（一）個別訪談和集體訪談

　　根據訪談人數的多少，可分為個別訪談和集體訪談 個別訪談是指每次訪
　　談只有一個被訪談者，訪談者對每個被訪談者的回
答分別記錄，然後對收集的資料進行整理、匯總和分析，得出訪問結果。 集
　　體訪談又稱小組座談，是指每次訪談把兩個或兩個以上被調查者邀請
到一起，以座談的形式來針對某一主題進行交談。

（二）直接訪談和間接訪談

根據訪談者與被訪談者交流方式的不同，可分為直接訪談和間接訪談。 直接訪
談是指訪談者與被訪談者面對面地交談，被訪談者一一回答問題，訪談者將訪
談內容如實地記錄下來。直接訪談又可以分為入戶訪談、街頭攔 截訪談、電
話訪談和電腦輔助個人訪談四種。
間接訪談是指訪談者將要訪談的內容以書面形式交給被訪談者，被訪談

者根據訪談內容一一回答問題。郵寄訪談是間接訪談中的典型方式。

（三）結構性訪談和非結構性訪談

根據訪談內容是否在訪談前進行統一設計，可分為結構性訪談和非結構性訪談。

結構性訪談是指調查者按照事先設計好的、有一定結構的訪談內容進行訪談，整個訪談過程是在高度控制下進行的。結構性訪談常用於研究不直接觀察的現場現象，如消費者的願望、傾向、態度等。

非結構性訪談是指訪談者事先不制定訪問問卷，只是根據訪談目的列出大致的訪談提綱，訪談者與被訪談者根據提綱進行自由交談。在整個訪談過程中，訪談雙方都不受嚴格的約束。

二、常用的訪談調查方式

根據調查者與被調查者接觸方式的不同，訪談調查法可分為面談調查、電話調查、郵寄調查、網路調查四種方式。

（一）面談調查

面談調查是指派調查員當面訪問被調查者、詢問與行銷活動有關問題的方法。

1. 面談調查的形式

面談調查可分為個人面談和小組面談兩種方式。

（1）個人面談 個人面談是調查員到消費者家中、辦公室或在街頭進行一對一面談。

（2）小組面談

小組面談是邀請 6 ～ 10 名消費者，由有經驗的調查者組織對方討論某一產品、服務或行銷措施，從中獲得更有深度的市場訊息。

2. 面談調查的優點

①能當面聽取被調查者的意見，並觀察其反應。

②回收率高，可以提高調查結果的代表性和準確度。

③可以從被調查者的個人條件推測其經濟狀況，進而判斷對方回答問題的真實程度。

④對於被調查者不願意回答或回答困難的問題可以詳細解釋、啟發和鼓

勵對方合作，以順利完成調查任務。

    3. 面談調查的缺點

（1）調查費用支出大 特別是對於複雜的、大規模的市場調查，人力、財力和物力消耗都很大。

（2）很難對調查員的工作進行監督和控制 例如，有的調查員為儘早完成調查任務，不按照樣本的隨機原則抽樣；

有的調查員在調查了部分樣本後即終止調查作出結論；有的調查員甚至不進行實地調查，隨意編造調查結果。對於這些問題，調查組織者應採用必要的制度約束和相應的監控手段，加強對調查員的管理。

（3）對調查員的素質要求較高 調查結果易受調查員的工作態度和技術熟練程度的影響。

--- ＞ ＞ ＞

★✮✭✫✩✬✪★

案例

<h2 style="text-align:center">電視節目的市場調查</h2>

    某年中秋、電視臺推出了《走基層聽百姓心聲》 特別調查節目 "幸福是什麼？"走基層的記者們分赴各地採訪包括城市白 領、鄉村農民、科研專家、企業工人在內的幾千名各行各業的工作者，"幸福" 成為媒體的熱門詞彙。"你幸福嗎？" 這個簡單的問句背後蘊含著一個普通人對於所處時代的政治、經濟、自然環境等方方面面的感受和體會，引發當代人對幸福的深入思考。

由於問題簡單而倉促，很多被採訪者的回答千奇百怪，引發了觀眾的熱議。

 讚揚和質疑之外，採訪中的某些回答也引起了人們的關注。一位務工人員在面對記者提問時首先推脫了一番："我是外地打工的，不要 問我。" 記者繼續追問道："您幸福嗎？"這位務工人員上下打量了一番記者，然後答道："我姓曾"。不少網友表示，這樣看似無厘頭的回答，背後卻有無 盡的辛酸和沉重。一位網友評價："偌大的城市，從未向他們真正敞開過懷抱； 林立如雲的水泥森林、五彩斑斕的夢幻霓虹、滾滾而過的金屬車流，這些城市風景畫，對於他們來說既熟悉又遙遠。他們熟悉是因為他們用自己的力氣和汗水，蓋起了高樓大廈，修建起寬闊的馬路；陌生的是覺得自己永遠與這 道風景隔著一道窗子。在幸福之門依然緊鎖的個體那裡，‘我姓曾’ 已不全然 是語言的解構遊戲，更是堅硬殘酷的現實。" 而拋開一切外在的因素，作為個人來講，這看似簡單的問題，更有其存在的價值。單純來講，這是一個閉合式問題，你幸福嗎？你可以直接回答"是"或"否"。只是是否之間的重量會 在頃刻間壓住你，只要深思，這樣的問題會在很多時候讓你啞口無言。

（二）電話調查

電話調查是指調查人員依據抽樣規定或者樣本範圍，借助電話向被調查者瞭解有關問題的調查方法。電話調查適合於訪談那些不易接觸到的消費者，也適用於一些想即時得到調查結果的市場調查。

1. 電話調查的形式

隨著現代科學技術的進步，電話調查法可分為傳統電話調查和電腦輔 助電話調查兩類。

（1）傳統電話調查 傳統電話調查是指使用傳統電話為主要調查工具進行訪問調查。

通常情況下，經過培訓的工作人員會利用現有的電話號碼簿作為樣本框，利用隨機亂數生成器或亂數碼表撥打電話號碼，或按照等距抽樣的方法抽取號碼，也可以根據調查地區的具體情況和抽樣方案先確定撥打號碼的前幾位，然後按 照隨機原則確定後幾位進行調查。

（2）電腦輔助電話調查 電腦輔助電話調查是指在一個裝有電腦輔助電話調查設備的中心地點

訪談員在電腦終端或個人電腦前，在電話被接通後，根據電腦屏 幕上提示的問題和選項向被調查者提問，並將被調查者的答案直接記錄在計算機中的一種調查方法。

電腦輔助電話調查省略了資料編輯和輸入的步驟，也避免了部分輸入誤差。

2. 電話調查的優點

①能在較短的時間內得到答案，取得資訊的速度很快。

②調查的覆蓋面廣，可以對任何地區的消費者進行調查。

③調查費用支出少。

④被調查者沒有現場心理壓力，能輕鬆回答問題。

3. 電話調查的缺點

①有些地區的消費者沒有電話，故調查的覆蓋範圍相對較窄。

②不容易取得被調查者的合作，對拒絕訪問者很難進行勸說和引導。

③調查時間短，無法詢問一些比較專業和複雜的問題。

④由於一戶通常只有一部電話，故接電話者有時並非是真正的目標被調查者，從而會影響樣本的代表性。

（三）郵寄調查

郵寄調查是指將設計好的調查問卷郵寄給被調查者、請其按要求填寫後寄回的一種調查方法。

1. 郵寄調查的優點

①郵寄問卷無須向訪談人員支付勞務費，調查投入的人力、物力、財力相對較小。

②所有郵政或網路能夠到達的地方都可以進行調查。

③由於不受時間的限制，被訪談者可以有充足的時間來回答問題。

④由於被訪談者回答問題時訪談者不在場，所以不會受到訪談人員傾向性意見的干擾。

2. 郵寄調查的缺點

①對於郵寄問卷而言，回收率為 30% 稱為高回收率，回收率為 15% ～ 20% 稱為中等回收率。但實際調研過程中，回收率往往低於 10%。

②被訪談者由於這樣或那樣的原因可能不會收到問卷後立即作答，即使立即作答可能不會立即寄回，因此調查的回收期長，在一定程度上也會影響調查資料的時效性。

③由於被訪談者不在現場，被訪談者可能會對調查內容的理解出現偏差，因此要求被訪談者具有一定的文字理解能力和表達能力，不適用於文化程度較低的被調查者。

④由於訪談者不在訪談現場，因此無法判斷被訪談者的性格特徵和回答態度，從而無法判斷被訪談者回答的可靠性。

（四）留置調查

留置調查是指將事先設計好的調查問卷當面交給被訪談者，並說明填寫要求，留下問卷，待被訪問者填好後由訪問人員在規定時間統一收回的一種調查方法。這種調查方法介於面談調查和郵寄調查之間，比郵寄調查更靈活、具體。

1. 留置調查的優點

①由於訪談者當面將調查問卷交給被訪談者，並說明填寫要求和方法，

解答被訪談者的疑問，因此只要在回收時確認填答情況就可以減少誤差，提高回收率。

②被訪談者可以有比較充分的時間來自由安排填答時間，不受調查人員的影響，能夠作出比較準確的回答。

③由於問卷填答過程中不需要訪談人員在場，因此在一定程度上降低了調查的成本。

2. 留置調查的缺點

①由於訪談者需要當面將調查問卷交給被訪談者，並要在規定的時間取回問卷，因此使調查範圍受到一定限制。

②被訪談者不能將調查資訊立即回饋，一般至少需要一周時間才能取回回饋資訊。

③由於調查問卷是由被訪談者自行填答，訪談者不在現場，因此被訪談者是否按照調查說明要求填寫問卷無法控制。

（五）網路調查

網路調查是調查者將設計好的調查問卷發布在互聯網上、利用互聯網收集市場訊息的方法。

1. 網路調查的優點

①網上調查沒有時空、地域的限制，任何一個上網者都可以成為調查的物件。

②網上調查的問卷髮送、資訊採集、統計處理都可以由電腦自動完成，調查的週期短，實效性好。

③由於節省了問卷印刷、裝訂及調查人員的費用，故網上調查的費用要相對低很多。

④網上調查可以使用圖片展示產品的外觀，使用視頻表現產品的性能，使用聲音說明填表的要求，這種視聽效果是其他調查方式無法比擬的。

2. 網路調查的缺點

①很多消費者不經常上網，即使上網，主動流覽調查問卷的人也很少，這就使樣本的代表性受到一定的限制。

②網上資訊繁多，內容豐富，調查問卷很難被被調查者注意到，故常會漏掉那些真正對調查問題感興趣的人。

③網路調查對被調查者無限制，任何人都可以隨便回答，甚至多次重複填寫，故有時會產生大量的無效問卷，影響調查結果的真實性和可靠性。

三、焦點小組訪談與深度訪談

（一）焦點小組訪談

焦點小組訪談（簡稱 FGD），是從所要調查的目標顧客中慎重選擇 8～12 人組成一個焦點小組，由一名經驗豐富、訓練有素的主持人以一種無結構的自然的形式與小組中被調查者進行交談，從而獲取被調查者對產品、服務、廣告、品牌的感知及看法。

焦點小組訪談的四個目標包括：獲取創意；理解顧客的語言；顯示顧客對產品或服務的需要、動機、感覺以及心態；說明理解從定量分析中獲得的資訊。

焦點小組訪談是大規模調查前的一個有用步驟。它可以洞察消費者的感知、態度和滿意程度，而這些對確定所要調查的問題是非常重要的。但不管多麼有效，調研人員必須避免從焦點小組成員的感知中得出對整個市場的普遍性結論，因為這個樣本的規模太小並且抽樣是非隨機的。

（二）深度訪談

深度訪談是由一名經過訓練的採訪者，針對某一論點以一對一的方式提出一系列探索性的問題，用以得知被訪問者對某事物的看法，或為什麼做出確定的行為。

深度訪談主要用於瞭解消費者的購買決策過程、產品使用過程、消費者的動機和觀點。

第三節　觀察調查法

觀察調查是一種有目的、有意識的認識活動，觀察結果是研究者形成判斷和推理的依據。透過自己感官或借助觀察輔助儀器，有目的、有步驟地對研究物件進行觀察、記錄、分析，可以說明研究者獲取有關市場行銷方面的原始資料和資訊。

一、觀察調查法的含義

觀察調查法是指調查員在調查現場對被調查者的情況直接觀察記錄，或借助於儀器進行觀察，以獲取市場訊息的一種調查方法。與實地調查法不同的是，觀察調查法的調查員不直接向被調查者提出問題要求回答，而是依賴於調查員的直接觀察，或者利用照相機、攝像機、答錄機等現代記錄儀器和設備的間接觀察進行資訊的搜集。觀察法主要分為兩類。

（一）人工觀察法

人工觀察法是指調查員置身於被調查者中間，親臨其境，開展調查，記錄市場中發生的有關的事情的真相及前景，取得更全面的市場資料和資訊。在使用這種方法調查時要注意掩飾調查者的身份和意圖，始終保持客觀態度，避免主觀意志影響調查結果。

（二）機器觀察法

機器觀察法是指根據調查的要求、目的，在調查場所設置攝像機、紅外線探測器、IC卡智慧機等設備自動採集有關消息。這種方法具備操作簡便、節約人工、使用時間長等優點，但存在應用範圍小、一次性投資大的缺陷。

無論採用哪種方法進行調查，都要遵循客觀性、全面性、深入持久性原則，並按照選擇觀察物件，確定觀察內容；制訂觀察計畫，選擇觀察工具；做好實地觀察和觀察記錄，退出觀察現場；進入研究四個階段進行。

二、觀察調查法的特點

（一）觀察調查法的優點

1. 可靠性高

由於被調查者與調查者不直接接觸，因此被調查者沒有心理壓力，完全 是一種自然的表現，調查結果可靠性較高。

2. 直觀性強

觀察調查法收集的資料是被調查者的自然行為，因此直觀性較強。

3. 干擾性較弱

觀察調查法是調查者的單方面活動，不依賴於語言交流，因此不會受到被調查者意願和回答能力等問題的干擾。

（二）觀察調查法的缺點

①觀察調查法需要大量調查人員進行現場調查，因此調查只適合小範圍。

②觀察調查法通常需要長時間的觀察，因此調查費用較高。

③觀察調查法要求調查人員具有敏銳的觀察力，因此對調查人員的技術水準要求較高。

三、觀察調查法的分類

（一）結構式觀察和非結構式觀察 按照觀察內容的標準化程度，可分為結構式觀察和非結構式觀察。 1. 結構式觀察

指事先制訂好觀察計畫，規定好觀察範圍、物件、內容、程式等，並在觀察過程中嚴格按照計畫執行。結構式觀察的特點是觀察過程標準化程度高，因此得到的調查資料比較系統，容易整理。

2. 非結構式觀察

也稱無結構式觀察，是指事先對觀察內容、程式、手段等不作嚴格的規定，只要求觀察者有一個總的觀察目的和原則，在觀察過程中採取隨意的方式進行記錄。非結構式觀察的特點是靈活性較強，能夠發揮觀察者的主觀能動性，但收集的資料整理和分析難度較大。

（二）直接觀察和間接觀察

按照觀察形式的不同，可分為直接觀察和間接觀察。

1. 直接觀察

直接觀察是指調查人員直接深入到調查現場，對正在發生的行為和市場活動進行觀察和記錄。直接觀察法要求事先規定觀察物件、範圍、過程、地點等，並採用適合的觀察方式進行觀察。直接觀察法具有簡單、直接、受限制較少等優點。

直接觀察法具體包括顧客觀察法和環境觀察法。

①顧客觀察法是指觀察者作為一個旁觀者，冷靜地觀察現場所發生的情況。這種觀察方式要求觀察者選擇一個適當的位置把自己隱藏起來，使自己的觀察工作不會引起被觀察者注意，以保證觀察結果的可靠性。

②環境觀察法也稱為偽裝購物法、神秘購物法。是指以普通顧客身份對被調查者的所有環境因素進行觀察以獲取調查資料的方法，如觀察者充當售貨員觀察顧客的購買行為。這種觀察方式要求觀察人員具有較強的注意力和良好的記憶力。

2. 間接觀察

間接觀察是指調查者對自然物品、行為痕跡等現場遺留下來的事物進行觀察，以便間接反映調查物件的狀況和特徵，獲取相關資訊。在一些不適合調查人員親臨現場進行調查的情況下，可以根據調查目的和要求，在調查現場設置攝像機、紅外線探測器等設備自動採集有關調查資訊。採用這種調查方式一次性投資較大，應用範圍較小。

（三）人員觀察、儀器觀察和痕跡觀察

按照觀察手段的不同，可分為人員觀察、儀器觀察和痕跡觀察。

1. 人員觀察

人員觀察是指調查人員透過感覺器官或借助機器設備進行觀察。例如，調查人員想要瞭解某產品的市場銷售狀況，可以到銷售現場進行觀察，或到用戶群體中進行觀察。這種方式要求觀察者具有敏銳的觀察力、較好的應變力和記憶力以及迅速的筆記能力。

2. 儀器觀察

儀器觀察是指透過儀器設備來觀察被調查者。例如，在超市里安裝攝像裝置觀察顧客行為。儀器設備是人感官的延伸，在特定的環境中，儀器觀察比人員觀察更經濟、準確。

3. 痕跡觀察

痕跡觀察是指調查者不直接觀察被調查者行為，而是透過一定的途徑來瞭解他們行為的痕跡。例如，某產品的報紙廣告上附有回執條，憑回執條可以購買優惠價商品，調查者根據回執條情況就可以知道這則廣告的注意率和信任度。

（四）參與性觀察和非參與性觀察

按照觀察物件是否參與調查活動，可分為參與性觀察和非參與性觀察。

1. 參與性觀察 參與性觀察是指調查者參與到被調查群體中，並成為其中一員，直接與被調查者接觸，收集資料的一種調查方法。在參與性觀察中，調查者要隱瞞自己的身份，長時間置身於被調查群體之中。

參與性觀察常常透過 "偽裝購物法" 或 "神秘購物法" 來組織實施。

2. 非參與性觀察

　　非參與性觀察是指調查者以旁觀者的身份，置身於調查群體之外對被調查者進行觀察記錄，以獲取所需資訊的一種調查方法。在非參與性觀察中，調查者不參與被調查者的任何活動，只是像記者一樣觀察被調查者行為過程。為保證調查的準確性，應儘量保持調查者的隱蔽性。

　　（五）縱向觀察、橫向觀察和縱橫結合觀察

按照觀察進行的時間不同，可分為縱向觀察、橫向觀察和縱橫結合觀察。

　　1. 縱向觀察

　　縱向觀察又稱時間序列觀察，是指在不同時間對調查對象進行觀察獲得一連串的觀察記錄的一種調查方法。透過縱向觀察，可以瞭解調查物件在 時間上發展變化的過程和規律。例如，要瞭解某酒店的生意是否興隆，可以 利用縱向觀察，透過人員觀察或儀器觀察記錄下不同時間段進出該場所的 人數。

　　2. 橫向觀察

　　橫向觀察是指在某特定時間內對若干個調查物件同時進行觀察記錄，將觀察結果進行比較，從而全面地瞭解被調查者情況的一種調查方法。例如，某調查機構要瞭解某客運企業的服務水準，該調查機構同時選取了不同線路的多台客車的服務過程進行觀察，透過對多台客車服務過程進行比較和評價，得到客運企業服務水準的一個整體評價。

　　3. 縱橫結合觀察

　　縱橫結合觀察是指在時間上有延續，同時選取多個調查物件進行調查的一種調查方法。這種方法較橫向觀察和縱向觀察能取得更全面、可靠的資料，但調查時間和調查費用較大。例如，某新產品進入市場，要瞭解其在市場上的銷售情況，就要在較長時間內從銷售量、顧客反映情況、售後回饋等多方面進行觀察。

四、觀察調查法的記錄技術

　　記錄技術的好壞直接影響調查結果。科學的記錄技術能夠準確、及時地記錄觀察資訊，為資料整理和分析提供方便。常用的記錄技術包括：觀察卡片記錄、速記、頭腦記憶、機械記錄、符號記錄。

（一）觀察卡片記錄

觀察卡片記錄是指在卡片上列出觀察專案和每個項目可能出現的各種情況。使用觀察卡片記錄時，觀察人員可以直接在卡片上填寫觀察記錄。

（二）速記

速記是指用簡便易寫的線段、圈點等符號系統來代表文字記錄的方法。在文字記錄中，也可以用符號代表在觀察中可能出現的各種情況。在記錄時，調查人員根據調查內容記下相應的符號，或在事先寫好的符號上打鉤即可。速記可以加快記錄的速度。

（三）頭腦記憶

頭腦記憶是指在調查中採用事後追憶的方式進行記錄，這種記錄方法多用於調查時間急迫或不宜現場記錄的情況。由於人的記憶力有限，在回憶時容易出現遺漏重要資訊的情況。

（四）機械記錄

機械記錄是指在調查中，運用答錄機、錄影機、照相機等專用儀器進行記錄。這種記錄方法能詳盡記錄所要觀察的現象，減輕調查人員的負擔。

（五）符號記錄

符號記錄是指在記錄時根據出現的各種情況記錄下相應的符號，不需要用文字敘述。符號記錄能夠加快記錄速度，便於資料整理。

五、觀察調查法應用中注意的事項

觀察法在應用中，由於調查員或被調查者有時會受知識、經驗、態度、生理、心理、基本素質等原因的影響，往往會出現偏差。為提高觀察結果的準確率，在應用時要注意以下事項：

（一）正確選擇觀察的物件、時間和地點

在觀察時，觀察對象的選擇十分關鍵，它決定了觀察結果的有效性和有

用性。時間、地點的選擇在一定程度上保證了獲取資訊的真實、準確、具體、及時。

（二）不要讓被調查者有所察覺

不論是直接觀察還是借助記錄器械觀察，要注意儘量不能使被調查對象覺察出來，以保持被調查物件處於自然狀態，獲取真實資訊。

（三）保持完整的原始記錄

要盡可能借助記錄工具記錄下真實的原始資訊；若依賴耳聞目睹，調查員必須及時記錄，以免事後追憶時發生誤差。

（四）要全面瞭解被調查對象

要全面深入地觀察客觀事物發展過程，對各種觀察資料進行全面、動態的分析比較，從而瞭解事物發展的全貌。

第四節　實驗調查法

實驗調查法也稱試驗調查法，就是實驗者按照一定的實驗假設，透過改變某些實驗環境的時間和活動來認識實驗物件的本質及其發展規律的調查。企業的經營活動中經常運用這種方法，如開展一些小規模的包裝實驗、價格實驗、廣告實驗、新產品銷售實驗等，來測驗這些措施在國際市場上的反應，以實現對消費者市場需求及其偏好的總體推斷。

一、實驗調查法的相關概念

（一）實驗要素

1.實驗者

即實驗調查的有目的、有意識的活動主體，他們都以一定的實驗假設來指導自己的實驗活動。

2. 實驗物件

即實驗調查者所要認識的客體，它們往往被分成實驗組和對照組這兩類物件。實驗物件也稱為實驗單位，它可以是個人，也可以是組織或其他實體。

3. 實驗環境

即實驗物件所處的各種社會條件的總和，它們可以分為人工實驗環境和自然實驗環境。

4. 實驗活動

即改變實驗物件所處社會條件的各種實驗活動，它們在實驗調查中被稱為"實驗激發"。

5. 實驗檢測

即在實驗過程中對實驗物件所作的檢查或測定，它可以分為實驗激發前的檢測和實驗激發後的檢測。

（二）變數

1.引數

引數也稱為實驗變數或獨立變數，是指在實驗過程中引入的，實驗者在實驗過程中可以進行控制、處理，並且效果可以測量和比較的變數，如產品的價格、包裝等。

2.因變數

因變數也稱為相應變數，是指實驗過程中透過測量引數改變對實驗對象產生效果的變數。例如，在商品價格與銷售量的關係中，銷售量就是因變數。

3. 外來變數

外來變數也稱為干擾變數，是指除引數以外一切能夠影響因變數變化的其他所有變數。外來變數還可以分為可控制變數和不可控制變數，其中，可控制變數是指調查人員能夠加以控制的影響因素，如價格、廣告、包裝等；不可控制變數是指調查者難以控制的影響因素，如季節、氣候等。

（三）實驗組和控制組

1. 實驗組 實驗組是指一組被實驗的物件，可以是人，也可以是物。 2. 控制組

控制組也稱為對比組、對照組，是指在實驗過程中引數保持不變的個體組成的組。對照是實驗所控制的手段之一，目的在於消除無關變數對實驗

結果的影響，增強實驗結果的可信度。在對照實驗中涉及實驗組和對照組，至於哪個作為實驗組或對照組，在不同的對照類型中判斷依據不同。

（四）因果關係

因果關係即某個起因 A 影響或引起某個結果 B。A、B 之間存在因果關系應至少符合以下三個條件：存在相關關係；存在適當的時間順序；不存在其他可能的原因性因素。在實驗調查中，A 與 B 存在因果關係，最多只能推斷 A 是 B 的起因中的一個，而不能證明 A 是 B 的起因。

二、實驗調查法的分類

根據實驗場所的不同，可以將實驗調查法分為實驗室實驗和現場實驗。

（一）實驗室實驗
在模擬的人造環境中進行實驗，容易操作，所需時間較短，費用較低。

（二）現場實驗

現場試驗也稱自然實驗。在實際環境中進行實驗，操作性較差，所需時間較長，費用較高。現場實驗又可以分為產品實驗和銷售實驗。

①產品實驗是指對產品的品質、性能、色彩等方面的市場反應進行調查。

②銷售實驗是指產品在大量上市之前，以有限的規模在有代表性的市場內試銷，得出銷售效果。

三、實驗調查的基本方法

（一）無控制組事前事後對比實驗

無控制組事前事後對比實驗是一種最簡便的實驗調查方法，是指在沒有控制組進行對比的情況下調查人員只選擇一組實驗物件作為實驗組，先對實驗組的正常情況進行測量，然後再測量實驗後實驗組的結果，將實驗前後的測量情況進行比較，透過對比分析瞭解實驗變化的結果。

（二）實驗組與控制組對比實驗

由於不能排除其他非實驗因素的影響，無控制組事前事後對比實驗只能粗略地估計實驗結果。如果要排除其他非實驗因素的影響，就需要進行實驗組與控制組的對比實驗。 實驗組與控制組對比實驗是指將實驗組與控制組的實驗物件在同一時間內進行對比。在同一實驗期間內，把兩組情況相同或相近的實驗物件分別指 定為實驗組和控制組，兩組按照一定的實驗條件進行實驗，然後對兩組的實 驗結果進行比較和分析。

採用這種實驗方法要求實驗組和控制組必須在相同的時間內進行實驗， 並且實驗組和控制組的情況應當相同或相近。

（三）有控制組事前事後對比實驗

有控制組事前事後對比實驗是指在實驗物件中挑選兩組，一組指定為實驗組，一組指定為控制組，實驗組按照實驗條件進行實驗。在事前事後兩段相同的實驗期內，分別對實驗組和控制組情況進行測量，然後對兩組的實驗結果進行比較和分析。

無控制組事前事後對比實驗和實驗組與控制組對比實驗都具有簡單易行的特點，但都無法排除非實驗因素對因變數的影響。如果想要消除非實驗因素的影響，就必須先確定非實驗因素對實驗效果的影響程度，再將其從實驗結果中剔除。採用有控制組事前事後對比實驗能夠獲得較好的效果。

（四）完全隨機對比實驗

完全隨機對比實驗是指隨機地選取一個影響因素，對同一個實驗物件在該因素的不同狀態下進行實驗，將實驗結果進行比較和分析。

（五）分組隨機對比實驗

調查人員除了可以對引數的影響因素進行實驗以外，還可以就某個主要因素單獨進行研究，進行分組隨機對比實驗。

四、實驗調查法的實施

實驗調查法按照實驗的場所可分為實驗室實驗和現場實驗。由於實驗室實驗是在人造的環境中進行實驗，研究人員可以進行嚴格的實驗控制，比較容易操作，時間短，費用低；而現場實驗因為是在實際的環境中進行實驗，其實驗結果往往具有較大的實用意義。

（一）實驗調查法的前提

實驗調查法的運用是有前提的，即實驗的各種條件必須是和實驗結果所能使用的狀態條件一致，並且要正確控制實驗因素以外的其他因素。否則，實驗的結果將是多種因素共同作用的結果，很難確定實驗因素的真實影響作用。

（二）實驗物件要有足夠的代表性

對實驗調查法來說，正確選擇實驗物件和實驗環境對實驗調查的成敗起著重要作用。如果所選的市場實驗物件代表性不強，其實驗結論就沒有推廣的可能性。

（三）必須有效控制實驗過程

此外，由於實驗活動要延續相當長的時間，還應該有效地控制實驗過程，這樣才能確保實驗活動嚴格按實驗設計方案進行。

所以，實驗調查是一種探索性、開拓性的調查工作，對實驗者基本素質的要求比較高。對實驗者來說，思想解放、求真務實、勇於創新絕不是句空話。只有這樣，才可能靈活運用各種調查方法，較好地完成實驗調查。

（四）實驗調查的一般步驟

實驗調查只有按照科學的步驟來開展，才能迅速取得滿意的實驗效果。使用實驗調查法的時候必須注意：實驗者需具有一定的素質，實驗物件和實驗環境一定要具有高度的代表性，對實驗過程的控制要堅持原則性和靈活性的統一。

①根據市場調查課題，提出市場現象之間及各種影響因素之間的因果關系假設。

②實驗設計在實驗調查的各步驟中是一個中心環節。進行實驗設計，應該用不同的實驗方法來驗證研究的假設。

③選擇具有較高代表性的實驗物件進行實驗，搜集材料。

④整理、分析所得實驗資料，做實驗檢測，得出實驗結論。

五、實驗調查法的特點

（一）實驗調查法的優點

1. 便於掌握第一手資料

實驗調查法能夠從市場現象的發展變化過程中直接掌握大量的第一手實際資料。某市場現象的發展變化主要是由實驗活動引發的，這是實驗調查法最突出的優點，也是其他調查方法無法做到的。

2. 能夠揭示或確立市場現象之間的相關關係

實驗調查法不是等待某種現象發生再去調查，而是積極主動地改變某種條件，促進市場現象的發展，以達到實驗的目的。因此，實驗調查法不但能夠說明某市場是什麼樣的，而且還能說明它為什麼是這樣的。

3. 實驗結論有一定的可複製性

實驗調查法具有可重複性，使得實驗調查法的結論具有較高的準確性和較強的說服力，特別有利於探索解決市場問題的具體途徑和方法。在進行商品生產和行銷中，不論是從宏觀管理還是微觀管理來說，都有很多具體的方針、政策、措施、方法等方面的問題，需要不斷探索、研究和制定，實驗調查法為此提供了重要的手段。

（二）實驗調查法的缺點

在市場調查中，實驗調查法成功的案例很多，失敗的案例也不在少數。其失敗的原因，在很大程度上取決於實驗調查法的局限性。

①實驗物件和實驗環境的選擇難以具有充分的代表性。

②實驗調查的結論總帶有一定的特殊性，其應用範圍是很有限的。

③實驗效果中往往混雜著非實驗因素的影響結果。由於區分和檢測實驗效果與非實驗效果難度很大，所以實驗調查法中許多影響因素是無法排除的，而要把它們一一測定或綜合測定出來卻又是困難很大的，這就導致人們很難對實驗過程進行充分有效的控制。

④實驗調查法對調查者的要求比較高，花費的時間也比較長。

第五節　網路調查法

　　網路調查法是指訪問者利用網路資訊傳遞與交換技術將所需的國際市場資訊透過網路進行搜集、處理和分析，以獲取有價值的資訊資料的一種調查方法。現在早已是互聯網時代，80% 以上的國際市場訊息都是借助互聯網取得的。

一、網路調查法的特點

（一）網路調查法的特點

　　互聯網時代，網上市場調查早已是企業國際市場訊息收集的重要通路。網路應用的普及，使許多國際貿易企業市場訊息的搜集工作實現了網路化。

　　互聯網調研可以採用多媒體技術將聲音、圖像和文字綜合在一張電子調研表上，使得這種電子調研表不同於傳統的市場調查表。

　　問卷的傳送可借助於 e-mail 或網址，網上調查也可以採用 網站的方式，由調研組織者充當主持人，可以在網上平等地與參加者相互作用和交流，對一些市場調研問題展開資料的收集。

（二）網路調查法的優點

　　與傳統市場訊息搜集方法相比，網路調查法的優點有：

　　1. 私密性好

　　網路調查可以對敏感的或令人尷尬的問題進行探討，因為此時的被調查者往往會感覺僅僅是在與“機器”對話，受到的“威脅”較小。

　　2. 成本較低

　　透過互聯網進行調查，節省了郵寄調查、電話調查等調查實施過程中的印刷費、錄入費、通話費等費用，因此調查成本較低。

　　3. 時效性強

　　由於節省了印刷、郵寄、錄入等環節，因此較其他調查方法時間大大縮短，甚至可以在幾小時內完成一項網上調查。

另外，網路調研時，資料透過被調研者或電腦自動轉換並輸入電腦利用相關軟體，可以在第一時間完成相關的資料分析，可以每天產生 報告，以供市場調研部門進一步作分析使用。

4. 客觀性較高

由於被訪問者是在自願和完全獨立思考的環境下接受調查，不會受訪問人員及其外在因素的干擾和誤導，因此能夠最大限度地保證調查結果的客觀性。

5. 互動性較強

網路調查可以運用動畫、聲音、影像等多種媒體來與被訪問者進行交流，具有較強的互動性。

（三）網路調查法的缺點

1. 樣本的代表性難以評價

網路調查最大的缺陷就是調查的有效樣本將被局限於那些訪問工作區網址的人群中，而這是不可控制的和具有很大隨意性的。雖然近年來網民數量有了大幅度增加，但網路普及率還不高，上網人群以年輕人和受過高等教育的人群為主，這類人群不能夠完全代表全體，因此調查結果的 準確性會受到一定的影響。

2. 容易出現無限制樣本問題

由於網路上的任何人都可能有機會填寫問卷，很可能出現一些重複填答的情況。

3. 網路的安全性風險始終存在

網路調查時可能會有木馬軟體、網路攻擊等問題擾亂調查工作的正常進行。

4. 問卷長度受限制

網路調查的被訪問者注意力集中時間較短，因此問卷不宜過長，問題最好控制在 30 個以內，以免被訪問者失去填答興趣，中止填答問卷。

二、網路調查的類型

（一）網上問卷調查法

網上問卷調查法是在網上發佈問卷，被調查物件透過網路填寫問卷、完成調查。

1.網站法

網站法即將問卷放在網路網站上，由訪問者自願填寫、提交問卷，經調查者統計分析後再在網上公佈結果的調查方法。

2. e-mail 問卷法

被調查者收到問卷後，填寫問卷，點擊"提交"，問卷答案則回到指定的郵箱。

（二）網上討論法

網上討論法可透過多種途徑實現，如 LINE、FB、QQ，微信、Netmeeting（網路會議）、Newsgroup（新聞群組）等，實際上是互聯網集體訪談法。

（三）網上測驗法

網上測驗法是指測驗者在互聯網上利用網站或 e-mail 等途徑，向線民或受測者發出有測驗內容的問卷或信件，請線民或受測者作出回答後回饋給測驗者，測驗者對回饋資訊進行統計分析，並得出結論的測驗方法。

（四）網上觀察法

網上觀察法就是觀察者進入聊天室觀察正在聊天的情況，或利用網路技術對網站接受訪問的情況以及線民的網上行為、言論，按事先設計的觀察項目、要求，做記錄、觀察或自動監測，然後進行定量分析研究，並得出結論的調查方法。

＞＞＞

國際案例

麥當勞定價策略制定

隨著時代的進步，消費者飲食習慣也跟著變遷，速食店在現代生活中更是佔有一席之地，走遍世界各地，幾乎都可以看到金色拱門，不論是年長年幼，都特別喜愛麥當勞的速食餐飲，其原因不外乎是消費者能感受到服務員的親切與物超所值的服務。近幾年，在一片不景氣的聲浪中，店家紛紛進行價格的調漲來保持利潤。相對於其他速食店的漲價方式，麥當勞卻以差別取價來增加收入。差別取價是針對不同的市場、不同的客群、不同的地區，制定不同的價格以增加最大利潤。但令人驚奇的是，麥當勞的餐點漲價對來客人數的影響竟然不大。

　　麥當勞採取的是"市場區隔定價"，即先做市場區隔，再針對不同市場的需求彈性制定不同的價格策略，也就是說，在彈性高的市場中定價較低，在彈性低的市場中定價較高。在國際差別定價上，麥當勞在相似的國際區域使用接近的定價，用代表性的大國市場推斷較小國市場的情況，並且注意培養消費者的低價格彈性，注意不同區域市場的分割方式與國家壁壘。例如針對麥當勞在中國的兩大主要客群：上班族和學生，這兩個消費群體的差距甚大，也就是消費能力大為不同，麥當勞做了市場區隔定價。與學生群體比較而言，上班族的需求彈性較小，其消費力較高，麥當勞推出針對上班族消費的 McCafe 品牌咖啡與店內其他飲料相比，McCafe 咖啡價格偏高，但濃郁香醇、口感較佳；且麥當勞在供應 McCafe 咖啡的店面裡為上班族提供一個舒適明亮、能夠品味咖啡的悠閒環境，借此吸引上班族群。由於學生沒有固定收入，消費力較低，因此麥當勞針對學生族群推出了許多促銷活動，多次吸引學生族群。例如晚 10 點後憑學生證半價購買產品等促銷活動。

　　麥當勞採取的差異定價法，又稱差別定價法，是指根據銷售的物件、時間、地點的不同而產生的需求差異，對相同的產品採用不同價格的定價方法。

第四章
經濟全球化及
企業經營國際化分析

文獻綜述

文獻綜述

經濟全球化出現於 20 世紀 80 年代中期，在 90 年代得到認可。"經濟全球化" 這個詞最早是由美國哈佛商學院著名教授希歐多爾·萊維特（Theodore levitt）於 1983 年在其《全球化的市場》（Globalization of Market）文中提出的。1997 年 5 月國際貨幣基金組織發表報告指出，"經濟全球化是指跨國商品與服務貿易及資本流動規模和形式的增加，以及技術的廣泛迅速傳播使世界各國經濟的相互依賴性增強"。而經濟合作與發展組織認為，"經濟全球化可以被看作一種過程，在這個過程中，經濟、市場、技術與通信形式都越來越具有全球特征，民族性和地方性在減少"。李敏、黃愛華（2006）提出，經濟全球化的含義包括生產經營全球化、貿易和市場全球化、金融全球化、區域經濟一體化。經濟全球化對世界各國產生了影響，改變了世界人民的生活方式。從經濟 全球化出現至今，經濟全球化的發展趨勢也有所改變，馬豔（2007）提出，經濟全球化的發展趨勢分為三個階段：第一階段是發達資本主義國家主導的經濟全球化，在這一階段少數發達資本主義國家在經濟全球化中占主導地位，掌握著國際經濟活動的主動權；第二階段是資本主義國家與社會主義國家共同主導的經濟全球化，在這一階段社會主義國家的力量逐漸發展壯大，在國際經濟事務中擁有了更多的發言權，與資本主義國家共同主導經濟全球化的發展進程；第三階段是社會主義國家主導的經濟全球化，在這一階段，社會主義國家實力發展壯大了，並在國際經濟事務中逐漸佔據主導地位。而尹豔林（2014）則從不同的角度闡釋了經濟全球化發展的新趨勢，這些趨勢主要包括科技進步、生產方式變革、生產佈局調整、國際貿易體制變革等方面的變化。

關於經濟全球化發展的原因，不同學者也提出了各自的見解。張禮卿（1999）提出經濟全球化的原因是由於突飛猛進的技術進步、全球性的非管制化和市場化改革、國際金融市場的深化發展與創新，以及旨在實現貿易與投資自由化的國際組織的推動，並指出經濟全球化是世界範圍內的技術進步和各國社會經濟變革的綜合反映。張淑欣（2007）認為經濟全球化是經濟活動跨越國界運作和發展的客觀結果，是經濟發展的市場化取向及其擴展的自然和必然過程，微觀經濟主體的趨利動機是促使經濟全球化的基本動因。

第一節　經濟全球化發展與趨勢

經濟全球化從 20 世紀 80 年代中期出現至今，已經在改變整個世界，並且在世界經濟的不斷發展過程中，經濟全球化的發展趨勢也出現了新的特點。經濟全球化對世界各個地區、各個國家的發展有著不同的影響，其中有積極的影響也有消極的影響，有機遇也有挑戰，如何在這個大趨勢下抓住發展的機遇就是我們分析經濟全球化發展的意義所在。

一、經濟全球化

經濟全球化是指世界各國的經濟在發展過程中由於技術的進步、資本的流動、對外貿易的發展、生產資源配置、市場的需求等因素聯繫日益密切，整個世界經濟成為一個有機整體。經濟全球化主要包括世界經濟全球化、生產全球化、貿易自由化、資本流動國際化、金融全球化、科技開發與應用全球化。

（一）世界經濟全球化

世界各國經濟體制的趨同、跨國公司的發展、各國經濟聯繫的日益密切以及國際經濟協調機制的強化為經濟全球化的形成提供了條件。市場經濟體制由於能夠更有效率地促進經濟的發展並且有力地提高國際競爭力，因此得到越來越多的國家的青睞，這種經濟體制的趨同為經濟全球化的發展提供了有力的基礎條件。跨國公司極大地推動了經濟全球化的發展，跨國公司扮演著全球範圍內生產的組織者，國際間的商品、技術和資本流動的主要參與者的角色。20 世紀 90 年代以來，跨國公司數目劇增，這些集生產、貿易、投資、金融、技術開發以及其他服務於一身的組織已經成為加快經濟全球化的主要動力。它們積極推行經濟全球化策略，進行跨越國家和地區界限的最佳資源配置，極大地推動了國際企業的合作與兼併。由於世界市場的形成、優化生產要素組合以及滿足市場需求的需要，使各國的經濟聯繫越來越密切。世界範圍內經濟協調機制的強化為經濟全球化的發展提供了相對統一的法律制度。貿易一體化、投資一體化的發展，國際經濟組織統一立法活動的深入開展，為經濟全球化的發展創造了統一的法制環境。

（二）生產全球化

生產全球化指的是某一產品價值鏈由不同國家的不同企業共同生產完成。生產的全球化突破了國家邊界，也突破了企業邊界，企業內部的生產經營行為延伸到其他企業。在生產經營分工的基礎上，企業間的關係體現在各自從事同一產品不同部分的生產。

（三）貿易自由化

貿易自由化是指一國對外國商品和服務的進口所採取的限制逐步減少，貿易自由化是為進口商品和服務提供貿易優惠待遇的結果。國際貿易障礙逐步消除，貿易自由化程度提高，國際貿易量迅速增長。國際貿易手段、商品標準以及合同樣式逐步統一與規範，世界貿易組織（WTO）多邊貿易體制框架使得世界貿易進一步規範化。

（四）資本流動國際化

資本流動國際化是指一國居民的資本從一個國家轉移到另一個國家。"居民"按照國際貨幣基金組織的定義，包括一般政府、個人、企業、非營利機構。跨國公司的發展、各國對外資管制的放鬆以及由投資基金和養老保險基金高速成長導致的國際遊資的形成，使得資本流動性進一步加大。

（五）金融全球化

20 世紀 70 年代以來，以美國為首，各國相繼放鬆金融管制，推進金融自由化，放鬆了外資金融機構進入和退出本國金融市場的限制，拆除了不同金融業務間的隔離牆，加快了金融業的整合。自由寬鬆的法律與政策環境，加上電腦、通信和網路技術的廣泛應用促進了金融市場的全球化，從而形成了時間上相互銜接、價格上相互聯動的統一國際金融大市場。世界性的金融機構網路形成，大量的金融業務跨國界進行，跨國貸款、跨國證券發行和跨國並購體系已經形成。

（六）科技開發與應用全球化

科技的發展與應用已經不分國界，全球化趨勢明顯，世界各國人民從中受益。同時，科技的進步使得資訊的傳播也出現全球化的特徵。

（七）中國經濟全球化

2001 年 12 月 11 日，中國正式加入世界貿易組織，成為第 143 個成員。

在 1978 年召開的中國共產黨十一屆三中全會上中國共產黨提出了一項重大的策略決策，即改革開放。這是中華人民共和國成立以來第一次提出改革開放的基本國策，它使中國由封閉走向了開放，是中國的強國之路，是發展中國特色社會主義事業的強大動力。

1979 年中共黨中央、國務院決定在深圳、珠海、廈門、汕頭試辦經濟特區，福 建省和廣東省成為全國最早實行對外開放的省份。1984 年，黨中央和國務院又 進一步開放了 14 個港口城市，包括大連、秦皇島、天津、煙臺、青島、連雲港、 南通、上海、寧波、溫州、福州、廣州、湛江、北海，逐步興辦起經濟技術開發 區。1985 年，相繼在長江三角洲、珠江三角洲、閩東南地區和環渤海地區開 辟經濟開放區。1988 年，增辟了中國面積最大的經濟特區——海南經濟特區。 1990 年，中國國務院從中國經濟的長遠發展策略著眼，決定開發與開放上海浦東新區。圖 4-1 所示是中國對外開放的地區，中國的對外開放出現了一個

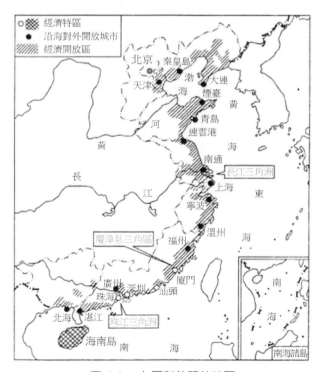

圖 4-1　中國對外開放地區

新的局面。1992 年，面對新的國際形勢，中國的社會主義改革到了一個由初期
到中期的關鍵時刻。鄧小平到南方視察，發表了南巡講話，在中國共產黨十四
大召開時明確指出經濟體制改革的目標是建立社會主義市場經濟體制。

　　1995 年 7 月 11 日，中國正式提出加入世貿組織的申請，經過多次磋商談
判，在 2001 年 9 月 17 日，世貿組織中國工作組第十八次會議在世貿總部舉
行正式會議，透過了中國加入世貿組織的所有法律檔。2001 年 12 月 11 日，
中國正式成為世貿組織成員。中國的入世標誌著中國在對外開放之路上又邁
出了一大步，開始積極地融入國際大環境，順應經濟全球化的大潮流。

　　回顧中國的改革開放歷程，可以看到中國發生的翻天覆地的變化。國民
經濟快速增長，綜合經濟實力顯著增強，2014 年中國的 GDP 總量位居世界
第二位，僅次於美國，人均 GDP 也有了快速增長。城鎮居民收入快速增長，
1978 年城鎮居民的可支配收入為 343 元，2006 年增長至 11 759 元，到 2014 年，
全國城鎮居民人均可支配收入達 28 844 元，居民的居住條件和生活環境得到
極大的改善。加入世貿組織有利於中國更好、更快地融入到國際經濟大環境中，
也能夠使中國在國際經濟舞臺上擁有更大的發言權從而維護自身的經濟利益，
同時，有利於中國的技術進步、擴大對外出口貿易、激發中國企業的競爭意識。

　　當然，經濟全球化對世界各國的影響不一，中國在改革開放之路上也面
臨著許多挑戰。雖然在改革開放這條道路上取得了驕人的成績，但也有 許
多我們要面臨的問題，如中國的產品將面臨國際競爭、在國際問題上承擔
相應的義務、世界經濟的波動對中國經濟產生影響等，必須積極地面對 與
解決遇到的難題。

二、經濟全球化發展趨勢

　　經濟全球化影響著世界各個國家、各個產業，改變了整個世界的原有經
濟格局。經濟全球化自形成以來，世界貿易總額逐年增長，各國的經濟聯繫
越來越緊密，整個世界經濟成為了一個不可分割的有機整體。

　　隨著經濟全球化的發展，自由貿易成為世界貿易的發展方向。世界進出
口貿易總額呈現出連年增長趨勢，如圖 4-2 所示；中國的進出口貿易總額也
呈現出逐步增長的趨勢，如圖 4-3 所示。越來越多的國家積極地融入到這個
大環境中。中國自加入世界貿易組織後，也在不斷地提高自身的對外開放程度，
積極地參與到國際大環境中。

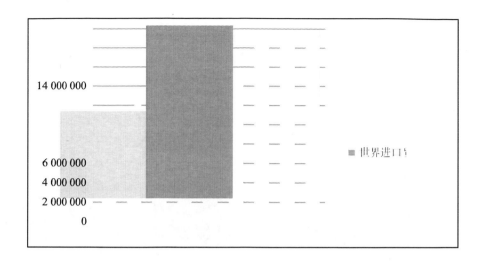

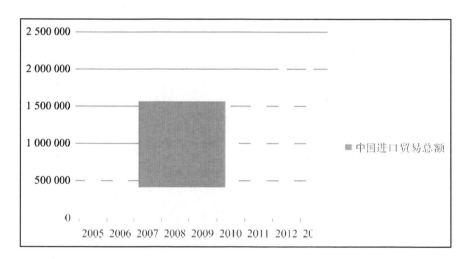

　　高科技產業和全球資訊網路的迅猛發展加快了經濟一體化的進程，國際間資本流動加快，各國間經濟的依賴關係更為密切。從 4-2 和圖 4-3 中，可以看出在 2009 年全球進出口貿易總額下滑，同樣中國的進出口貿易總額也在下降，這是由於 2008 年的國際金融危機所造成的。這次危機始發於美國的次貸危機，進而演化成了一場席捲全球的國際金融危機。此次金融危機浮現於 2007 年下半年，自美國次級房屋信貸危機爆發後，投資者開始對債券的

價值失去信心，引發流動性危機，導致金融危機的爆發。到 2008 年，這場金融危機開始失控，並導致多家大型的金融機構倒閉或被政府接管。隨著金融危機的進一步發展，又演化成全球性的實體經濟危機。世界各國都受到這次危機的影響，中國也不例外，出口貿易總額明顯下降。當整個世界經濟成為一個整體時，一個國家經濟的波動就會對世界其他國家的經濟造成影響。

　　跨國公司的數量越來越多，跨國公司是 FDI（外國直接投資）的主要形式。如圖 4.4 所示，全球外國直接投資呈上升趨勢，2013 年全球 FDI 流入增長了 9%，達到 1.45 萬億美元，各主要經濟體——發達經濟體、發展中經濟體和轉型經濟體 FDI 流入均有所增長。全球 FDI 存量增長 9%，達到 25.5 萬億美元。在經濟全球化提供的機遇下，有能力實現全球化經營的企業都不願放過機會。實行全球化經營策略的企業不斷增多，企業間的競爭與兼併日趨激烈。由於競爭的激烈，為了在國際市場中佔據一席之地，企業必須堅持不斷創新、不斷改善技術，透過努力打造自己的品牌、提供個性化的服務來贏取消費者的青睞。創新、品牌、技術是企業保持活力的法寶。在競爭激烈的市場環境中，如果企業沒有自己的獨特優勢，就會被市場淘汰，這就是許多企業破產或者被兼併的原因。

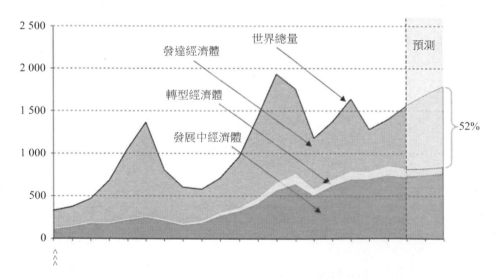

圖 4-4　1995—2013 年全球及按經濟體劃分 FDI 流入量和對 2014—2016 年的觀測
（單位：10 億美元）

資料來源：聯合國《2014 年世界投資報告》

　　另外，互聯網技術的發展密切了世界各國的經濟聯繫。如今，人們提出了網路全球化的概念。網路全球化是實現全球範圍溝通的通路，讓網路的觸角遍及全球的每一個角落。全球化是當今時代正在進行著的、不可阻擋的、無法逆轉的一個客觀歷史進程。它是一種超越國界與國家主權的、在全世界範圍內所展現的溝通與聯繫、交流與互動的趨勢。網路全球化以經濟全球化為核心，以資訊化、網路化為手段，對世界各個國家和地區的社會生活產生了深刻而巨大的影響，各國的經濟、政治和文化尤其如此。網路傳播的快速度、多變化、無邊界、多維度等特點加速了全球化的進程，抹平了差異阻隔，實現了空間與時間的分離。現今，互聯網金融正在以全新的形式發展，各行各業越來越多的電商模式出現在我們的視野中，人們的吃穿住行用都可以在網絡上進行交易，整個世界就像一個大市場，人們各取所需。

　　國際間的協調與合作進一步加強，相關的國際契約和國際組織應運而生。世界三大國際經濟組織，即國際貨幣基金組織、世界銀行、世界貿易組織在國際經濟協調中發揮了一定的積極作用，並在一定程度上反映了經濟全球化的要求。據國際協會聯盟（Union of International Associations，UIA）統計，截至 2014 年世界各類的國際組織有 67000 個，在國際上比較活躍的組織有30000 個，另外約 37000 個組織在國際事務中發揮著自己的作用。每年大約有 1 200 個新的組織誕生。國際社會的日益組織化不僅表現在國際組織數目的增長上，更重要的是體現在國際組織範圍的擴大上，它早已衝破初創時期的地域、領域局限，活躍在當今人類社會的所有方面。各類國際組織的出現可以說是全球化的產物，經濟全球化發展到今天，不可否認的是貿易保護主義抬頭，而這些國際組織在調節各國的利益糾紛中發揮著一定的積極作用。

第二節　企業經營國際化的原因

　　在經濟全球化背景下，企業為了追求更大的市場、尋找更好的資源、追逐更高的利潤，而突破一個國家的界限，在兩個或兩個以上的國家從事生產、銷售、服務等活動，這就是企業的國際化經營。企業選擇國際化經營有兩種方式：一是企業的國際化策略，主要有本國中心策略、多國中心策略和全球中心策略；二是以適當的方式進入國際市場，主要方式有進出口商品、許可協議、並購、合資、建立新的全資子公司，企業可根據自身的情況選擇合適的方式進入國際市場。 經營國際化成為許多企業的策略決策，跨國公司的數量日益增多。企業的國際化經營從根本上是出於整體策略的考慮，為尋求更大範圍的競爭優勢。

一、成本導向

企業經營國際化可以在全球市場中尋求更優質、更低廉的資源，如原材料、勞動力等；還可以尋找降低企業成本的其他便利條件，如技術先進、交通便利等。透過尋找更加有利於企業發展的條件來降低企業的成本，獲得成本優勢。

（一）企業降低成本的途徑

追求利潤是企業的最終目標，在企業發展至一定程度或是企業想要提升競爭力的時候，降低生產成本無疑是捷徑。企業降低成本的途徑有很多，本文主要列舉以下四種方式：

1. 靠現代化的管理來降低成本

企業要降低成本，必須要抓管理。現代化管理要求人們在管理思想和精神狀態上要適應現代化，從產品經濟觀念和自然經濟觀念向商品經濟觀念和市場經濟觀念轉變，要樹立人本思想、民主管理思想、現代經營思想、公開競爭思想等。在管理技術和方法上要採用科學的管理方法和管理手段以適應大生產發展的需要。在組織機構方面，採用符合生產發展要求的組織形式。具體來說，企業可以從這幾個方面來降低成本：一是加強供應管理以降低材料成本；二是加強物資管理以降低物化勞動消耗；三是強化行銷管理以降低銷售成本；四是加強資金管理以減少支出、節約費用。

2. 靠優化結構來降低成本

優化結構主要有兩個方面：優化產品結構和優化資本結構。一個企業的產品是否受市場歡迎，能否在市場中佔有一定的份額，是降低成本的基礎前提。企業只有提供豐富的產品種類、合理的產品結構，才能實現多元化經營，加快市場滲透，提高市場佔有率。優化產品結構要堅持順應國內外市場需求的發展趨勢、符合技術發展方向和國家技術政策的要求、適應國家投資水準和消費者的購買力水準、結合企業的優勢和資源條件等原則。企業資本結構優化是指透過對企業資本結構的調整，使其趨於合理化、達到既定目標的過程。在競爭激烈的市場環境下，企業可以透過兼併／租賃等多種形式，加大資產的流動與重組，優化資本結構，實現資本的擴張，以擴大企業的生產規模、降低成本，提高企業的競爭力。

3. 技術創新降低成本

原材料價格、能源價格的提升造成了企業成本的增加，因此企業必須要透過技術創新來降低成本。技術創新是一個從產生新產品或新工藝的設想到市場應用的完整過程，包括新設想的產生、研究、開發、商業化生產到擴散等一系列活動。它本質上是一個科技、經濟一體化的過程，是技術進步與應用創新共同催生的產物，包括技術開發、技術應用兩大環節。企業只有不斷地進行技術創新，才能不斷地推出新產品、提高產品的品質，從而得到顧客的認可。同時生產技術的改進能夠降低生產成本，提高產品的市場競爭力與市場佔有率。

4. 靠品質取勝

產品的品質與產品的成本密不可分，品質高的產品會得到顧客的認可，從而佔有市場。產品品質高、殘次品數量少就可以直接降低生產成本。另外，產品品質高，企業就可以按優質優價的原則以較高的價格出售，這樣就相對降低了成本在銷售收入中的比重。產品品質高可以贏得更多客戶，也就增加了銷量、減少了銷售成本、節約了能源資源，從而降低了生產成本。

（二）企業案例——富士康的成本策略

企業國際化經營的一大原因就是尋求低成本，在國際市場上尋找更加有利於企業發展的資源。我們來引入一個案例，分析富士康的成本策略。

富士康科技集團是臺灣鴻海精密集團在大陸投資興辦的高新科技企業，1988 年在深圳地區投資建廠。在中國大陸，富士康從珠三角到長三角到環渤海、從西南到中南到東北建立了 30 多個科技工業園區，如圖 4-5 所示。富士康在亞洲、美洲、歐洲等地擁有 200 餘家子公司和派駐機構，目前擁有 120 多萬員工及全球頂尖客戶群。富士康是全球 3C（電腦 Computer、通信 Communication 和消費電子產品 Consumer Electronic）代工領域最大且成長最快的國際科技集團，主要上市成員已於亞洲及歐洲的證交所、香港證券交易所及倫敦證券交易所掛牌交易，集團全球總市值超過 700 億美元，佈局橫跨歐、美、亞三大洲，在全球共取得超過 15300 件專利。

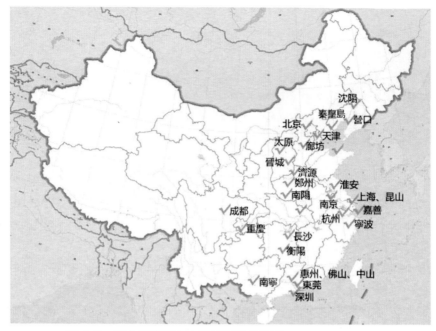

圖 4-5　富士康廠區在大陸地區的分佈圖

　　富士康在全球的佈局策略為"兩地研發，三區設計製造，全球組裝交貨"。"兩地研發"是指以大中華區與美國為兩大重要策略支點，組建研發團隊和研究開發實驗室，掌握科技脈絡，配合集團產品發展策略和全球重要策略客戶產品發展所需，進行新產品研發，創造全球市場新增長點。富士康之所以在中華科技園區以及美國建立研究開發實驗室正是由於先進的技術為富士康的發展提供了便利條件，可以利用技術優勢來降低成本。"三區設計製造"是以中國大陸為中心，亞美歐三大洲至少設立兩大製造基地，結合產品導入、設計制樣、工程服務和大規模、高效率、低成本、高品質的垂直整合製造優勢，提供給客戶最具競爭力的科技產品。富士康在河南的 5 個市均設有工業園區，河南人口多，勞動力資源豐富，因此在河南設立園區可以利用當地的廉價勞動力來降低企業的勞動成本。"全球組裝交貨"是指在全球範圍內進行組裝，保證"適品、適時、適質、適量"地把貨物交到客戶指定的地點。為此，配合客戶所需進行全球性物流佈局與通路建置，以達成要貨有貨、不要貨時以保持零庫存的目標。這種方式使得企業能夠快速地滿足客戶的需求，並且減少了物流產生的成本以及庫存產生的成本。

　　2004 年富士康集團出口突破百億美元，首次成為全球第一大 3C 代工廠；

2005 年富士康集團躋身《財富》全球 500 強，位居第 371 名，2013 年躍居《財富》全球 500 強第 30 名。

二、提高競爭力

核心競爭力是企業競爭優勢的源泉，是企業比競爭對手更優秀的根本原因。20 世紀 90 年代，美國策略管理學家普拉哈拉德（C. K. Prahalad）和加里·哈默爾（Gary Hamel）發表的《公司的核心競爭力》（*The Core Competence of the corporation*）一文中第一次明確地提出了核心競爭力這一概念。他們的解釋是：核心競爭力是一種不易被競爭對手仿效、能帶來超額利潤的獨特能力。中國理論界有不少學者也從不同的角度對核心競爭力提出了不同的觀點，這些觀點主要有：核心競爭力是一個企業優於其他企業的、特有的技術優勢；核心競爭力是基於企業資源優勢的一種無形的東西，如技術訣竅、獨特的企業文化、良好的行銷網路等；核心競爭力是一種隱含知識的創造、利用和傳播能力等。從這些觀點中可以看出，企業核心競爭力是企業擁有的、能夠長期獲得競爭優勢的能力。這種競爭力主要包括獨特的技術、合理的組織方式、良好的行銷網路、與眾不同的企業文化、有效的管理模式、較強的資源重組能力和融合能力以及穩定的客戶資源。

（一）企業國際競爭力的構成要素

企業競爭力是由不同的要素構成的，競爭力的形成是相互聯繫的多種因素共同作用的結果。世界經濟論壇提出影響企業競爭力的主要因素有五個：變革因素、變革過程、環境、企業自信心、工業序位元結構。隨著經濟全球化的發展，企業在國際環境中提高自身的競爭力必須要注意到很多因素的影響，特別是技術創新、企業文化、資訊化管理、品牌創立等。

（二）企業提升國際競爭力的途徑

企業提升國際競爭力的途徑有很多種，本文主要列舉以下四種企業打造核心競爭力的方式。

1. 不斷創新

創新是企業保持競爭力的源泉，是企業進行國際化發展策略的核心。企業要想在競爭激烈的國際市場中佔據一席之地，必須要著眼於不斷變化的市場環境，不斷進行技術、管理、策略、制度等諸多方面的創新。一個具有創新精神的企業是有活力、有生命力的企業，要想抓住顧客的目光，企業就必須有自己獨特新穎的地方。

2. 塑造企業文化

企業文化是企業的靈魂，能為企業的發展提供源源不斷的動力。企業文化是在一定的條件下，企業生產經營和管理活動中所創造的具有該企業特色的精神財富和物質形態。它包括文化觀念、價值觀念、企業精神、道德規範、行為準則、歷史傳統、企業制度、文化環境、企業產品等。企業文化具有導向功能、約束功能、凝聚功能、激勵功能、調試功能和輻射功能。企業文化關係到企業的公眾形象、公眾態度、公眾輿論和品牌美譽度，因此企業文化的塑造不僅影響企業內部，還代表著企業本身在公眾眼中的形象。

3. 資訊化管理

資訊化管理是以資訊化帶動工業化、實現企業管理現代化的過程，它是將現代資訊技術與先進的管理理念相融合，轉變企業生產方式、經營方式、業務流程、傳統管理方式和組織方式，重新整合企業內外部資源，提高企業效率和效益、增強企業競爭力的過程。資訊集成是企業資訊化管理的精髓，資料平臺的建設和資料的深度挖掘是其核心要素，透過資訊管理系統把企業的設計、採購、生產、製造、財務、行銷、經營、管理等各個環節集成起來，共用資訊和資源，同時利用現代的技術手段來尋找自己的潛在客戶，有效地支撐企業的決策系統，從而達到降低庫存、提高生產效能和品質、快速應變的目的，增強企業的市場競爭力。

4. 注重品牌

現代行銷學之父菲力浦科特勒（Philip Kotler）對品牌的定義是：品牌是銷售者向購買者長期提供的一組特定的特點、利益和服務。現今，品牌承載更多的是人們對企業的產品以及服務的認可，是一種品牌商與顧客購買行為間相互磨合衍生出的產物。如今顧客大多形成一種品牌忠誠的心理，因此企業要打造自己的核心競爭力就必須要有自己的品牌。創立企業自身的品牌可以增強企業的凝聚力，使團隊成員產生自豪感，增強員工對企業的認同感和歸屬感；可以增強企業的吸引力與輻射力，提高企業的知名度；可以推動企業的發展，成為企業吸引投資、促使企業發展的動力。

三、企業發展需要

企業國際化經營是目前高度現代化、高度國際化以及高度社會化經營的一個必然趨勢，並且也是國際產業合作、國際產業分工、資本流動與國際技術交流的迫切需求，代表著當代企業的重要發展方向。企業從事國際化活動最直接的動因是開拓海外市場，在國內市場趨於飽和時為現有的產品和服務尋找新的顧客。隨著經濟全球化的發展，不同國家的消費者在需求偏好和消費習慣上有趨同的傾向，這使得企業有可能將產品和服務推向更廣闊的市場。

（一）企業國際化經營的必要性分析

1. 企業國際化經營是企業長期發展策略的需求

在經濟全球化的背景下，國際化是企業不斷擴張和成長的重要途徑。企業客戶的全球化以及企業競爭對手的全球化要求企業進行國際化經營的策略部署。另外，企業需要尋求新的市場、尋找更多資源，而國際化經營能給企業提供更多這樣的機遇。如今，在競爭激烈的世界市場上，企業只有樹立國際化的觀念，積極應對各種挑戰才能在市場中佔據優勢，促使企業更好地發展。

2. 企業經營國際化是企業獲得優勢的選擇

國際化能使企業利用海外的市場收集資訊，更好地把握市場的發展方向以及消費者消費需求的變化。借助於國際化可以依託海外所構建起來的研發中心得到前沿技術，能使企業創新管理模式和學習管理模式。同時國際化有助於企業規避市場風險，挖掘新的市場需求。跨國公司透過跨國經營可以利用東道國的資源、知識和勞動力等諸多優勢，從而在競爭激烈的國際市場中獲得自己的優勢。

3. 企業國際化經營是開拓海外市場的需求

國際化是企業做大做強的重要途徑，企業本土化做強之後就要考慮全球市場的需求，國際市場需求的挖掘可給企業發展提供更廣闊的空間。在全球化競爭下，不斷擴張的消費能力和提升的消費需求層次也要求企業能夠積極地與世界市場融合，企業可以利用並購或者對外直接生產、直接投資、直接銷售等方式積極地開拓國際市場，謀求企業的發展。

（二）企業國際化經營的可行性分析

我們利用 SWOT 法來對企業國際化經營可行性進行分析。透過對企業的競

爭優勢（strength）、競爭劣勢（weakness）、機會（opportunity）、威脅（threat）
進行分析，觀察企業進行國際化經營的可行性。

1. 優勢

美國著名學者邁克·波特（Michael E. Porter）的價值鏈理論可以針對某個具體企業來分析其進行跨國經營的優勢。波特認為，一個企業的所有活動可以分為進料、生產、出貨、銷售、服務五項基本活動，以及採購、技術開發、人力管理、企業基礎四項支援活動。這九項活動構成一個價值鏈。鏈上各個環節的活動是互相聯繫或影響的。企業在完成價值鏈的各項活動中，或以較低的成本或以獨特的方式形成較高的產品價值，從而獲得競爭優勢。當企業把價值鏈上某環節的活動移至國外進行，使得完成該活動的成本降低或創造出更多的價值時，即該企業透過海外活動獲得了競爭優勢，因而就具有相應的跨國經營能力。在世界經濟一體化的條件下，企業可以進行跨國經營的優勢已經多元化，除技術和資金優勢外，銷售能力、區位因素、低成本生產、綜合經營能力等價值鏈上的任何一個環節，均可以成為跨國經營的競爭優勢。

2. 劣勢

進入國際市場要求企業必須有自己的競爭優勢，品牌、資金、人才等是企業必須具備的競爭因素。國際性品牌是企業的一項無形資產，能夠為企業取得高於一般價值之外的附加值，從而直接為企業創造商業利潤。許多企業缺少國際知名品牌，這對於企業進入國際市場來說是一個劣勢。同樣，資金實力和跨國經營人才的缺乏也對企業造成了一定的障礙。

3. 機會

經濟全球化持續深入發展，全球範圍內的產業調整和資本要素流動更為廣泛，這為企業進入國際市場提供了機會。國際化經營是企業開拓海外市場的需求，開拓海外的廣闊市場正是企業擴張的主要目標。發展海外市場可以使企業獲得國外先進技術的支援、擴大自己的市場份額，跨國經營還使企業進一步擴大了人才、資本通路，學習到國外先進的管理經驗。現今，許多國家都積極地吸引外國企業的投資，為企業進駐提供了絕好條件。

4. 威脅

企業經營國際化面臨的最大威脅就是面臨的競爭較大，面臨著來自世界

各地企業的競爭，企業如果不能很好地適應環境則很有可能被淘汰。另外，
企業的跨國經營也面臨著"水土不服"的挑戰，企業必須能夠適應當地的環
境，包括政治、經濟、社會文化等環境。瞭解當地的政治環境，特別是國家
發佈的一些政策走勢，掌握這些資訊可以使企業及早瞭解當地政府對外來企
業的態度。把握當地市場的一些經濟走勢，有利於企業能夠進行更加合理的
策略佈局，發現當地的市場需求，找准機會。社會文化環境亦是企業必須要
高度重視的，只有瞭解當地的社會文化環境才能更好地瞭解當地消費者的愛
好，使企業更好地適應環境。

第三節　世貿組織及相關政策與經濟全球化關係

建立世貿組織的設想是在 1944 年 7 月舉行的布列敦森林會議上提出的，
當時設想在成立世界銀行和國際貨幣基金組織的同時，成立一個國際性貿易組
織，從而使它們成為第二次世界大戰後左右世界經濟的"貨幣—金融—貿易"
三位一體的機構。1994 年 4 月 15 日，在摩洛哥的馬拉喀什市舉行的關貿總協
定烏拉圭回合部長會議決定成立更具全球性的世界貿易組織，以取代成立於
1947 年的關貿總協定。世界貿易組織是當代最重要的國際經濟組織之一，擁
有 160 個成員國，成員國貿易總額達到全球的 97%，有"經濟聯合國"之稱。

一、世貿組織相關政策

世界貿易組織的基本職能是制定、管理和執行其多邊及諸邊貿易協定。
作為多邊貿易談判的平臺，世界貿易組織尋求解決貿易爭端，監督各成員執
行貿易政策，並與其他制定全球經濟政策的國際機構進行合作。管理職能、
組織職能、協調職能、調節職能、提供職能是世界貿易組織的五大職能。

世界貿易組織的法律框架，由《建立世界貿易組織的馬拉喀什協定》及
其四個附件組成。附件一包括《貨物貿易多邊協定》、《服務貿易總協定》和
《與貿易有關的智慧財產權協定》，附件二為《關於爭端解決規則與程式的諒
解》，附件三為《貿易政策審議機制》，附件四是諸邊協定。

有關貨物貿易的多邊協定主要包括：1994 年關稅與貿易總協定、農產品

協定、實施動植物衛生檢疫措施的協定、紡織品與服裝協定、技術性貿易壁壘協定、與貿易有關的投資措施協議、關於履行 1994 年關稅與貿易總協定第六條的協定、關於履行 1994 年關稅與貿易總協定第七條的協定、裝運前檢疫協定、原產地規則協定、進口許可程式協定、補貼與反補貼措施協定、保障措施協定。《服務貿易總協定》對國際服務貿易的定義從四個方面作出了規定：過境交付，即指從一參加方境內向任何其他參加方境內提供服務；境外消費，即指在一參加方境內向任何其他參加方的服務消費者提供服務；商業存在，即指一參加方在其他任何參加方境內透過提供服務的實體的介入而提供服務；自然人流動，即指一參加方的自然人在其他任何參加方境內提供服務。

世界貿易組織在世界經濟的發展過程中起著十分重要的作用，它為國際大市場制定了規則，規範著世界市場。它促進國際貿易的順利進行，提供國家之間貿易經濟的對話平臺，對國際貿易的發展發揮著不可或缺的作用。

二、貿易壁壘

貿易壁壘又稱貿易障礙，是一些國家阻止國際貿易的政府政策或規則，主要是一國對外國商品、勞務進口所實行的各種限制措施。貿易壁壘主要包括貨物稅、進口關稅、貿易配額限制、在地生產者補貼政策、進口許可證、出口許可證、反傾銷稅以及其他非關稅的貿易壁壘等形式。

貿易壁壘的出現並不斷強化不是偶然的，它是國際經濟、社會、科技不斷發展的產物。近些年來，新貿易壁壘開始出現。社會進步與人民生活水準的日益提高使得人們的安全健康意識空前加強，人們越來越關心產品的安全問題，在國際貿易中以健康、安全和衛生為主要內容的新貿易壁壘日益增多。隨著可持續發展的提出與環保意識的提高，以及人們對勞動者權益的保護，綠色壁壘和社會壁壘等新貿易壁壘在國際貿易中出現。技術密集型產品在國際貿易中的比重不斷提高，特別是資訊技術產品，給一些國家設置新貿易壁壘提供了技術和物質條件。

國際貿易壁壘分為關稅壁壘和非關稅壁壘，其設置的目的是各國政府為保護該國的經濟不受外來產品侵犯。

（一）關稅壁壘

關稅壁壘是指用徵收高額進口稅和各種進口附加稅的辦法，以限制和阻止外國商品進口的一種手段。可以提高進口商品的成本從而削弱其競爭能力，起到保護國內生產和國內市場的作用。關稅壁壘是在貿易談判中迫使對方妥協讓步的重要手段。

16—17世紀，歐洲曾經運用關稅壁壘阻止外國製成品的進口。19世紀，歐洲曾運用關稅壁壘對抗英國工業品的大量輸入，以保護本國工業發展。20世紀後，發達資本主義國家為了獲取超額利潤，運用關稅壁壘保護國內的壟斷資本，並用於迫使其他國家就關稅和外貿問題作出讓步。發展中國家有時也運用關稅壁壘來抵制別國低廉物品的傾銷。就目前來看，關稅仍然是國際貿易中的重要壁壘，主要原因有：關稅較低的平均水準掩蓋了某些商品的高關稅，比如美國，工業品的平均關稅雖然只有3%，但有些工業品的關稅卻高達30%～40%；名義關稅的較低稅率掩蓋了關稅的有效保護率，在對最終產品和中間產品都徵收關稅的現實情況下，關稅的有效保護率和對最終產品的名義保護率是不同的；較低的正常進口稅率掩蓋了較高的進口附加稅，當一個國家進口商品時，除了按照正常公佈的稅率徵收進口稅外，在需要時，還按照臨時公佈的稅率額外加徵一部分進口稅；實行反傾銷稅是目前國際上，特別是已開發國家通常使用的限制進口的手段；隨著區域集團化趨勢的發展，關稅成為參加關稅同盟的國家對非成員國商品實行進口限制的手段。

按照《投資貿易壁壘指南》，常見的關稅壁壘有以下幾種形式：關稅高峰、關稅升級、關稅配額、從量關稅、從價關稅。

關稅高峰是指在總體關稅水準較低的情況下少數產品維持的高關稅。經過關稅及貿易總協定（General Agreement on Tariffs and Trade，GATT）八個回合的談判，WTO各成員的平均關稅水準已大幅下降，但一些成員仍在不少領域維持著關稅高峰。關稅升級是設定關稅的一種方式，即通常對某一特定產業的進口原材料設置較低的關稅，甚至是零稅率，而隨著加工深度的提高，相應地提高半成品、製成品的關稅稅率。關稅升級能夠較為有效地達到限制附加值較高的半成品和製成品進口的效果，是一種較為常見的貿易壁壘。關稅升級在已開發國家和發展中國家中都存在。關稅配額是指對一定數量（配額量）內的進口產品適用較低的稅率，對超過該配額量的進口產品則適用較高的稅率。實踐中，關稅配額的管理和發放方式多種多樣，如先領、招標、拍賣、行政分配等。從量關稅是以商品的重量、數量、容量、長度和面積等計量單位為標準計徵的關稅。從價關稅是以進口商品的價格標準計徵的關稅。

其稅率表現為貨物價格的百分率。

（二）非關稅壁壘

非關稅壁壘，又稱非關稅貿易壁壘，指一國政府採取除關稅以外的各種辦法，對本國的對外貿易活動進行調節、管理和控制的一切政策與手段的總和，其目的是試圖在一定程度上限制進口，以保護國內市場和國內產業的發展。

非關稅壁壘大致可以分為直接的和間接的兩大類：前者是由海關直接對進口商品的數量、品種加以限制，其主要措施有：進口限額制、進口許可證制、自動出口限額制、出口許可證制等；後者是指進口國對進口商品制定嚴格的條例和標準，間接地限制商品進口，如進口押金制、苛刻的技術標準和衛生檢驗規定等。非關稅壁壘主要形式有：通關環節壁壘、進口稅費、進口禁令、進口許可、技術性貿易壁壘、衛生與植物衛生措施、貿易救濟措施、進口產品歧視、出口限制、補貼、服務貿易、智慧財產權措施以及其他壁壘。

20 世紀 90 年代以來，在 WTO 組織不懈地努力及各個國家透過雙邊和多邊貿易談判下，傳統的非關稅壁壘如配額、進口許可證等已大為減少，但與此同時，非關稅壁壘領域呈現了新的發展趨勢，主要表現在：反傾銷措施不斷增強，反傾銷的最初目的在於抵制國際貿易中的不公平行為，消除價格歧視，然而一些國家卻把它作為一種策略競爭的手段和借此打擊競爭對手和防止對手強大的武器來使用，從而給其帶上了濃重的貿易保護色彩，從其發展趨勢看，它將成為 21 世紀國際貿易壁壘的主導。貿易技術壁壘迅速發展，由於 WTO 有關技術壁壘的協定並不否認貿易技術壁壘協定（Agreement on Technical Barriers to Trade，TBT）存在的合理性和必要性，允許各國根據自身的特點制定與別國不同的技術標準，這使得已開發國家利用此法律依據制定了多種技術法規、技術標準、品質認證等手段來限制其他國家的進口。隨著科學的進步、技術創新的深入，新的技術標準會不斷湧現，並被不斷地納入新的技術法規。綠色壁壘名目激增，貿易與環境問題正日益得到國際社會、各國政府及人民的關注，成為國際政治、經濟領域的焦點問題之一。灰色區域措施的使用、優惠性原產地規則和政府採購政策等灰色措施仍然游離於 WTO 多邊約束規則之外，從而被大多數成員國作為貿易保護手段廣泛運用。勞工標準和動物福利這兩項措施雖然還未被納入國際貿易制度中，但是已開發國家為了削弱發展中國家的勞動力和原材料比較優勢，一直力圖使其正式成為世界貿易組織的制度，而且已經逐步開始使用該措施來限制發展中國家的出口。

經濟全球化發展使世界經濟成為一個整體，但是各國之間的利益關係是十分複雜的，通常一些國家為了保護本國的利益，會採取貿易壁壘抵制國外的產品進入本國，這也是國際貿易中經常發生貿易糾紛的原因。

———————————————————————— > > >

國際案例

2007－2009 年全球經濟危機

2007－2009 年的世界金融危機又稱為次貸危機，在 2008 年甚至起名為金融海嘯，這是一場在 2007 年 8 月 9 日開始浮現的金融危機。長期以來，美國金融機構盲目地向次級信用購房者發放抵押貸款。隨著利率上漲和房價下降，次貸違約率不斷上升，最終導致 2007 年夏季次貸危機的爆發。此次危機導致過度投資次貸金融衍生品的公司和機構紛紛倒閉，並在全球範圍引發了嚴重的信貸緊縮。自次級房屋信貸危機爆發後，投資者開始對按揭證券的價值失去信心，引發流動性危機。即使多國中央銀行多次向金融市場注入巨額資金，也無法阻止這場金融危機的爆發。美國次貸危機最終引發了波及全球的金融危機。2008 年 9 月，雷曼兄弟破產和美林公司被收購標誌著金融危機的全面爆發。隨著虛擬經濟的災難向實體經濟擴散，世界各國經濟增速放緩，失業率激增，一些國家開始出現嚴重的經濟衰退。

表4-1　美國進出口貿易總額　　　　（單位：百萬美元）

	2005 年	2006 年	2007 年	2008 年	2009 年	2010 年	2011 年
進口	1,732,706	1,918,077	2,020,403	2,169,487	1,605,296	1,969,184	2,265,894
出口	901,082	1,025,967	1,148,199	1,287,442	1,056,043	1,278,495	1,482,508

資料來源：WTO 官網（https://www.wto.org/）

由前面分析到的圖 4-2 世界進出口貿易總額及表 4-1 可以看出，在 2008 年到 2010 年中美兩國的進出口貿易總額都出現了凹點，這也是此次危機帶來的結果。從世界貿易進出口總額來看，2007－2009 年的金融危機已經危及了世界各國經濟的發展。西班牙在 2009 年 1 月失業率升高到 13.3%，創歷史新高；日幣大幅升值，日本主要的汽車與電子公司財報總虧損超過 2.6 兆日幣；英國 5 月失業率攀升至 7.3%，失業人數高達 227 萬人，創 12 年來最高；美國 5 月失業率升高至 9.4%，再創 26 年新高；臺灣行政院主計處公佈 5 月失業率增為 5.82%，失業人數為 63.3 萬人，創歷史新高。

　　2008 年美國進行救市，主條目是經濟穩定緊急法案。為緩解次貸風暴及信用緊縮所帶來的各種經濟問題、穩定金融市場，美聯儲幾個月來大幅降低了聯邦基金利率，進行了六次減息行動，利率由 4% 降至 1.75%，並打破常規為投資銀行等金融機構提供直接貸款及其他融資通路。美國政府還批准了耗資逾 1 500 億美元的刺激經濟方案，另外放寬了對房利美、房地美（美國兩家最大的房屋抵押貸款公司）等金融機構融資、準備金額度等方面的限制。美國財政部於 2008 年 9 月 7 日宣佈以高達 2 000 億美元的可能代價，接管了瀕臨破產的房利美和房地美。

　　針對國際金融危機所帶來的不利影響，中國政府亦採取了大手筆的調控。11 月 9 日，中國政府宣佈實施適度寬鬆的貨幣政策和積極的財政政策，並出台了投資規模達 4 兆元的擴大內需、促進增長的十大措施；11 月 19 日，大陸國務院常務會議研究確定了促進輕紡工業健康發展的 6 項政策措施，進一步加 大扶持力度，幫助輕紡企業克服困難、渡過難關；中共中央政治局召開會議，提出要把保持經濟平穩較快發展作為明年經濟工作的首要任務。 同時，國際組織也就經濟危機問題積極地作出回應。11 月 8 日，20 國集團財政部長和中央銀行行長 2008 年年會在巴西聖保羅開幕；11 月 15 日，20 國集團領導人金融市場和世界經濟峰會在華盛頓召開；11 月 22 日至 23 日， 亞太經濟合作組織（APEC）第十六次領導人非正式會議在秘魯首都利馬召 開。20 國集團金融峰會在宣言中再次強調了 "與會國家決心加強合作，努力 恢復全球增長" 的重要性。會議的最重要的成果就是與會各方就下一步應對 金融危機行動達成了協議，20 國集團領導人承諾將共同行動，運用貨幣和財 政政策，應對全球宏觀經濟挑戰。

　　2011 年 1 月 10 日，國際清算銀行在巴塞爾召開成員央行行長雙月例會及全球經濟會議，分析全球經濟形勢。全球經濟會議主席歐洲央行行長特裡謝表示，世界經濟已走出危機陰影，全球經濟復甦已經確立。

第五章
國際市場行情分析

文獻綜述

文獻綜述

　　世界行情是由經濟指標、經濟現象、經濟發展態勢等方面的因素綜合在一起構成的。張德存（2007）提出從三個方面理解行情這一概念：①行情這一概念所包括的範圍十分廣泛，既包括生產領域的具體現象，也包括消費、流通領域的具體現象。②行情應理解為生產和流通的統一表現。生產對行情的形成通常起決定作用，但流通領域本身發生的變化對行情的形成和發展也有重大影響。③行情是社會再生產週期變動規律的具體體現。整個世界經濟，尤其是西方已開發國家的經濟又表現出週期式發展的特徵，因而行情必然是 社會再生產週期變動的表現。他認為國際市場行情總是處於波動中，引起 行情波動的因素可以分為兩類：一類是週期因素，即由於週期的內在力量（私人投資、私人消費、私人信貸等）引起的週期階段的更替；另一類是非 週期因素，即政治、軍事因素和科學技術發展的影響以及由於氣候變化引起的季節性變動。在兩者中，週期因素是造成國際市場行情經常發生波動 的首要因素。

　　劉慧珠（1998）提出國際市場的新特點有：結構複雜，競爭激烈，價格波動頻繁，各國產品結構調整速度加快，國際貿易結構發生變化，貿易保護主義增強，管理貿易將成為世界貿易發展的主流，國際金融市場處於不穩定中。並且提出提高國際市場行情分析有效性的途徑，主要包括兩個方面：建立和健全國際市場行情資訊網，努力提高國際市場行情分析的品質。

　　王粉萍（2010）提出當代世界市場行情的發展趨勢主要有：世界貿易組織成為國際多邊貿易體制的組織基礎；服務貿易發展趨勢；電子資料交換（Electronic Data Interchange，EDI）貿易形式和國際電子商務迅速發展；國際貿易與直接投資的關係日益密切；隱性非關稅措施存在蔓延的趨勢。

第一節　行情與行情學

行情與行情學是一個被人們誤解了的概念與一門被人們忽視了的學科，企業要想在國際市場上得到發展，必須要掌握有關行情學的知識。

作為經濟科學中的概念，行情是一外來語，德文為 Konjunktur，馬克思在《資本論》中多次使用這一術語。隨著數學、統計學越來越多地被應用到經濟研究中，行情一詞演變為僅限於商業迴圈，指不可預言的暫時的經濟變動，以區別於"時間數列"中的其他變動（長期的基本變動—長期趨勢和規則性的周而復始的變動—季節性波動）。在此意義上，行情波動不同於結構性變革。這種用法被西方許多國家經濟學教科書所接受。在前西德，行情一詞則是"指所有非季節性的經濟活動的週期波動"。"這種波動是透過生產、收入、就業、價格發展、銷售量、貨幣流通等方面反映出來，具體可分為長期波動（康得拉季耶夫週期）、中期波動（朱格拉週期）和短期波動（傑·基欽週期）。"行情一詞的漢語定義應當有三層：①市場價格、行市；②經濟或商品市場的一般狀態及趨勢；③具體形態的社會再生產過程。行情學中所用行情一詞，指的是最後一層意義。但是，中國許多書刊、詞典僅將行情解釋為市場價格、行市，把國內的"行情研究與測試"僅僅理解為"價格趨勢"的研究，實在是一種誤解。

行情學是分析和預測世界經濟和國際市場行情發展變化的一門學科，它產生於兩次世界大戰期間。1929—1933 年資本主義經濟危機之後，資產階級經濟學家和壟斷資本家開始對行情和經濟發展週期進行廣泛研究。第二次世界大戰以來，對資本主義市場行情的研究已經成為世界各國經濟研究的普遍課題。在聯邦德國，一些經濟學家把行情學作為國民經濟學的一個分支，著重研究以週期波動為中心的經濟現狀和趨勢。在美國，把行情學稱為"商業情況分析"、"商業迴圈及預測"，主要研究經濟活動的迴圈波動、季節波動、長期波動、不規則波動和隨機性波動。在社會主義國家，對資本主義市場行情的研究已經成為社會科學的一門獨立學科。它著重研究資本主義生產方式發展的一般規律、作用及其在交換領域的表現形式，週期和非週期因素，商品市場情況在國際上變化的特徵。隨著科學技術的進步和世界各國經濟聯繫的加強，行情學研究課題愈來愈細、愈來愈具體。

國際市場行情的分析可以從兩個方面入手：一方面是經濟行情的分析，另一個方面是商品市場行情的分析，兩者之間是相輔相成、互為補充的。分析商品市場行情，必須對有關經濟行情作背景分析；分析經濟行情，也必須對有關商品行情作補充分析。經濟行情和商品市場行情相互之間不是割裂的關係，而是有機地聯繫、相互影響的關係。但是從行情波動的表現形式上二者又各有特徵。

經濟行情分析的主要內容包括分析及預測世界經濟或個別國家一般經濟行情的發展趨勢，判斷在週期和非週期因素的交叉影響下社會再生產的週期變化及其表現形式。它主要是以經濟指標變化為依據，按照這些指標所反映的經濟領域的不同，主要有國民收入和生產、工業生產、固定資本投資、就業和失業、國內貿易和商品庫存、綜合商品價格和股票價格、對外貿易和國際收支等指標。

商品市場行情分析的主要任務是掌握國際商品市場供求和國際市場價格的變化規律，並在此基礎上分析行情的現狀及預測未來的發展趨勢。在國際市場上，不同的商品在供給和需求方面的發展變化有不同的規律與特點，這是因為不同的商品有不同的屬性，以及在生產、消費和流通方面存在著不同的條件。商品本身的屬性和商品再生產的條件不是不變的，而是隨著生產技術和社會政治、經濟等因素的變化而變化。當商品的屬性和再生產條件發生變化時，商品在供求方面的規律也會發生變化。影響商品供求關係變化的因素主要有：商品的自然屬性，商品的生產、消費，商品的國際貿易和商品的價格。

第二節　國際市場行情分析的內容

在瞭解了行情與行情學的概念與分類後，我們從四個部分來分析國際市場行情：需求和供給分析、競爭分析、市場和價格分析、收入和價格分析。

一、需求和供給分析

需求和供給是構成市場的兩個基本要素,瞭解並掌握需求與供給對企業分析市場訊息來說非常重要。需求是指消費者在某一特定時期內、在不同價格水準下願意並且能夠購買的某一商品的數量。在理解需求時應注意兩點:需求是人的需要欲望與購買能力的統一體,有需要而無購買能力或有購買能力而無需要,都不能形成需求;需求不是指某一特定的數量,而是指人們在不同價格水準下願意購買某一商品數量的完整描述。在行銷學中,需求可以用一個公式來表示:需求=購買欲望+購買力。行銷就是一個發現需求並滿足需求的過程。

供給是指生產者在某一特定時期內,在不同價格水準下願意並且能夠供應的某一商品的數量。在理解供給時,應注意兩點:供給是供給欲望與供給能力的統一,兩者缺一不可;供給也不是一個特定的數量,而是對生產者在不同價格下願意出售的商品數量的完整描述。

影響需求的因素有商品本身的價格、替代品的價格、互補品的價格、消費者的收入水準、消費者的偏好、消費者對未來商品的價格以及自己未來收入的預期、消費者規模。影響供給的因素有:商品本身的價格、相關商品的價格、生產技術的變動、生產要素的變動、政府的稅收和扶持政策、廠商對未來的預期。

勞動力、資本、技術是企業發展必備的生產要素,我們從勞動力、資本、技術這幾個要素來分析市場的需求與供給。

(一)勞動力供求分析

總人口是決定勞動力總供給的基本變數,一般來說,在人口年齡結構相對穩定和合理的條件下,勞動力總供給隨著總人口的變動而變動,二者之間有著正相關的關係。圖 5-1 所示,是世界各國勞動力人數列表的前 10 位,中國與印度仍然是勞動力人數最多的國家。正是由於兩國豐富廉價的勞動力資源,吸引了許多外國公司進駐。NIKE 在中國建廠進行加工生產,在中國境內生產的 95% 的 NIKE 返回美國市場銷售。富士康作為全球最大的電子產業科技製造服務商,對勞動力的需求十分大,除了在中國人口密集的地區建廠之外,還在世界其他地區建廠生產。富士康還將在印度建立 LCD 電視生產線,以應對來自 SONY 的訂單需求。

排名 ⬥	國家/地區 ⬥	勞動力人數	信息日期 information ⬥
—	*World*	3,382,000,000	2017 est.
1	🇨🇳 中國	806,700,000	2017 est.
2	🇮🇳 印度	521,900,000	2017 est.
—	🇪🇺 歐盟	238,900,000	2016 est.
3	🇺🇸 美國	160,400,000	2017 est.
4	印尼	125,000,000	2016 est.
5	🇧🇷 巴西	104,200,000	2017 est.
6	俄羅斯	76,530,000	2017 est.
7	孟加拉國	66,640,000	2017 est.
8	● 日本	65,010,000	2017 est.
9	☪ 巴基斯坦	63,890,000	2017 est.
10	奈及利亞	60,080,000	2017 est.

圖 5-1　世界各國勞動力人數

資料來源：維基百科（http://zh.wikipedia.org/）

　　由於已開發國家普遍存在著人口下降及人口老齡化等現象，因此對勞動力的需求相當大，一些已開發國家把勞動密集型的產業移到了勞動力豐富的發展 中國家。影響勞動力供求的是勞動力的價格，而發展中國家的勞動力資源豐 富，因此勞動力價格相對較低，所以跨國企業願意在勞動力資源豐富的國家 建立自己的工廠。

（二）資本需求與供給分析

　　在現代市場經濟社會，資本如同企業的“血液”，現代企業如果沒有充足而鮮活的資本，企業就根本不能生存和發展。由於對資本的需求，企業可以進行融資。企業進行融資的方式有兩種類型：一是以美國為代表的證券市場占主導地位的保持距離型融資模式，銀企關係相對不密切，企業融資日益游離於銀行體系，銀行對企業的約束主要是依靠退出機制而不是對企業經營活動的直接監督；二是以日本為代表的關聯式融資模式，在這種融資模式中，銀企關係密切，企業通常與一家銀行有著長期穩定的交易關係，從那裡獲得資金救助和業務指導，銀行透過對企業產權的適度集中而對企業的經營活動實施有效的直接控制。

　　中國國有企業普遍存在著資金短缺、技術設備落後和債務負擔過重的問題，甚至許多企業既有先進設備和好產品，也有市場，就是由於資金短缺和債務負擔而無法正常發展，面臨倒閉或被兼併的危險。在 2008 年經濟危機的影響下，雷曼兄弟宣佈破產，其破產的一大原因即是自身資本太少。為了籌集資金來擴大業務，雷曼兄弟只好依賴債券市場和銀行間拆借市場：在債券市場發債來滿足對中長期資金的需求，在銀行間拆借市場透過抵押回購等方法來滿足對短期資金的需求（隔夜、7 天、一個月等），這種缺陷十分之大的方法使得雷曼兄弟在危機的衝擊下毫無鬥志，最終導致破產。因此，企業必須要十分清楚自身的資本狀況，才能保證"血液"的流動。

（三）技術需求分析

　　科學技術是第一生產力，技術創新是企業獲得競爭優勢的重要手段，是打造其核心競爭力的重要途徑。技術創新可以使企業的產品與眾不同，更好地滿足消費者的需求；可以使企業的總成本降低，從而獲得成本優勢；可以使企業進入新的市場，擴大市場佔有率。

　　由於對技術的需求，一些跨國公司將自己的研發中心建立在科學技術發達的地區，蘋果公司在中國的研發中心是在上海浦東。海爾在日本、澳紐、美國、歐洲和中國佈局五大研發中心，以五大研發中心為基本節點，透過兼併、收購、聯合等手段整合世界一流的研發資源。如前所述的富士康採取的"兩地研發"佈局，除了在中國進行研發，還在美國組建研發團隊和研究開發實驗室，掌握科技脈絡，配合集團產品發展策略和全球重要策略客戶產品發展所需，進行新產品研發。

　　企業獲得技術的另一種方式就是採取企業並購的方式，聯想並購 IBM 的全部 PC（個人電腦）業務是其國際化策略的重要一步，不僅使聯想提升了國際地位與國際形象，也使聯想獲得了 IBM 的研發和技術優勢。北京吉利控股集團對福特汽車公司旗下富豪轎車公司的全部股權進行了收購，其中，獲得富豪的技術也是吉利並購富豪的重要動因。

二、競爭分析

　　經濟全球化使得世界市場成為一個整體，市場競爭變得更加激烈化，企業不僅與本土的企業進行競爭，還要與外來企業進行競爭。在激烈競爭的市場環境下，不正當競爭行為的出現嚴重地影響了市場秩序，競爭法在市場中扮演了約束市場不正當競爭行為的角色。

（一）競爭法

對於競爭法的定義，學者們觀點不一。有學者指出競爭法是"以商品交換中的競爭關係作為調整物件，以保護競爭為主旨，並以反壟斷和反不正當競爭作為核心內容的各種法律規範的總和"。有的學者則提出反對意見，指出競爭法"不是單一性質的法律規範的總稱"，而是指"調整競爭關係的各部門法律規範構成的有機統一的國家權力控制體系"。這些概念有其合理的成分，但也有不足。

本文對競爭法的定義為：競爭法指市場經濟國家規範市場行為、保護和促進市場競爭的法律規範的總稱。競爭法的概念有廣義和狹義之分，廣義上的競爭法包括反壟斷法和反不正當競爭法兩部分；而狹義上的競爭法則僅指反壟斷法，而不包括反不正當競爭法。競爭法的調整物件是競爭關係和競爭管理關係。

（二）競爭法的作用

企業的不正當競爭行為主要有：市場混淆行為、商業賄賂行為、虛假宣傳行為、侵犯商業秘密行為、低價傾銷行為、不正當的有獎銷售行為、詆毀商譽行為，這些行為不僅損害了消費者的利益與其他商家的利益，也對整個市場秩序構成了威脅。競爭法在市場運行中發揮著重要作用，價值功能多元化是競爭法的重要特徵之一，它的作用主要有：

1. 鼓勵與保護公平競爭

鼓勵與保護公平競爭是競爭法的宗旨和基本任務，它主要透過以下途徑來實現這一作用：一是創制、完善公平競爭的社會條件；二是確立公平的原則與制度，競爭法建立包括主體地位平等、自願競爭、公平競爭獎勵等原則和制度，為具體競爭行為提供模式；三是保護競爭者的競爭權，明確規定競爭者的正當競爭權，以及競爭權受到侵犯時的救濟措施與制度。

2. 制裁反競爭行為

競爭法在正面鼓勵和保護競爭的同時，還從反面對包括非法壟斷、限制競爭行為、不正當競爭行為在內的各種反競爭行為予以制裁和打擊，淨化公平競爭的外部環境，以充分實現其促進競爭的價值與功能。

3. 保護經營者的合法權益

一些不正當競爭行為，如侵犯商業秘密、商業誹謗、假冒註冊商標等常常是採取不正當競爭行為的企業直接對競爭對手實施侵權的行為，這些行為對競爭對手造成了嚴重的傷害。競爭法嚴厲打擊各種不正當的競爭，保護經營者的合法權益。

4. 保護消費者的合法利益

用假冒方式盜用他人商業信譽的不正當競爭行為，會引起消費者的誤認、誤購；透過經營者的聯合固定價格的行為，會使消費者承擔不合理的高價；透過搭售或附加來排擠競爭對手的不正當行為，嚴重侵害了消費者的自由選擇權。這些問題對消費者的權益構成了危害。競爭法為消費者提供最大可能、最優質量、最廉價格的消費實惠，以實現對消費者利益的保護。

5. 保護國家和社會公共利益

反競爭行為在損害經營者、消費者個體利益的同時，還嚴重破壞市場競爭秩序、弱化競爭功能、抑制生產活力和生產效率、損害國家和社會的整體利益。更嚴重的是，當壟斷和限制競爭行為的破壞達到一定程度時，會導致一國市場結構的嚴重失衡，甚至會動搖一國的經濟基礎。競爭法透過對競爭的有效保護，維護公平的競爭秩序、構建合理的市場結構、促進技術進步和國民經濟的穩定增長，以實現對國家和社會整體利益的保護。

在國際大市場環境下，企業必須杜絕不正當的競爭行為，規範自己的競爭策略，以贏得顧客的信賴，樹立企業的良好形象。

三、市場和價格分析

市場供求關係不能決定價格，市場也不是價格形成的唯一因素，但是，市場供求關係對價格有很大的調節作用。價值決定價格，供求影響價格、調節價格與價值的偏離。當市場上供大於求時，價格就下降到價值以下；當需求大於供給時，價格就上漲到價值以上。

市場的供求關係不僅可以直接影響價格，而且可以直接透過調節生產間接影響價值。雖然供求不決定價值，但是供求可以調節市場價格與市場價值的偏離，從而透過競爭調節生產，影響生產條件的變化，生產條件的變化會使價值量隨之變化。例如，由於某些原因，社會對某種商品的需求增加了，而供給不能馬上相應增加，這時該商品的市場價格就會上漲到它的市場價值以上。如果需求仍然不收縮，生產者為了獲得額外利潤就會轉移投資方向，使資金流向該產品的生產部門，從而引起該商品生產規模的擴大。在這種情況下，有兩種情況都可能引起價值量的變化：一是生產規模的擴大，使按劣等條件生產下的個別價值成為顯著大量，從而使該商品的價值提高，逐步使市場價值與市場價格區域接近；二是由於採用新技術，生產規模的擴大使按優等條件生產下的個別價值成為顯著大量，從而該商品的市場價值就會跌落，並使市場價格跌到與市場價值接近。這兩種情況都是由於供求的變化，引起價格的變化，從而調節生產，間接引起了商品價值量的變化。

商品和勞務的國際價格是國際價值的貨幣表現，國際價格是指國際市場上在一定時期內客觀形成的具有代表性的成交價格，通常是指：某些國家市場集散中心、集散地商品的市場價格；某些商品主要出口國（或地區）具有代表性的出口價格；某些商品主要進口國（或地區）具有代表性的進口價格；某些重要商品的拍賣價格、開標價格等。

國際價格基本上是自發形成的，是由國際價值、貨幣價值或匯價、供求關係決定的。國際市場競爭和供求關係使國際價格圍繞國際價值不斷波動，影響國際價格變動的因素是多方面的，主要有：壟斷、競爭、資本主義再生產週期性變化，國家壟斷資本主義對經濟或價格的干預或調節，科學技術進步、代用品的出現及其使用範圍的擴大，自然和資源條件的變化，民族的消費習慣和心理狀況，國際政治變化，戰爭和投機等。國際價格由生產成本、流通費用、稅金和利潤所構成。

按國際市場的價格形成狀態可分為世界"自由市場"價格和世界"封閉市場"價格。前者是由不受壟斷等因素的干擾、由獨立經營的買賣雙方進行交易達成的價格；後者是買賣雙方在一定特殊關係下形成的價格，它包括跨國公司為逃稅等原因制定的調撥價格、壟斷組織採取的壟斷價格、區域性經濟貿易集團內部制定的價格和國際商品協定下的協定價格。

在世界市場形成的背景下，企業要在國際市場上進行貿易交易，必須要考慮國際市場的價格，同時在生產產品及銷售產品時，也必須參考國際市場的價格。一旦企業的價格嚴重地偏離了國際市場的價格，那麼企業就很難在國際市場上佔據有利地位。

四、收入和價格分析

在經濟學中,收入與價格之間關係的分析,主要有替代效應與收入效應。一種商品的名義價格發生變化後,將同時對商品的需求量產生兩種影響:一種是因該種商品名義價格變化,而導致的消費者所購買的商品組合中該商品與其他商品之間的替代,稱為替代效應。另一種是在名義收入不變的條件下,因一種商品名義價格變化,導致消費者實際收入變化,而導致的消費者所購商品總量的變化,稱為收入效應。

正常品的需求收入彈性大於零,因而正常品的收入效應是需求量與實際收入同方向變化,即實際收入增加,需求量增加;實際收入減少,需求量也減少。劣等品的需求收入彈性小於零,因此劣等品的收入效應是需求量與實際收入反向變化,即實際收入增加,需求量減少;實際收入減少,需求量增加。正常商品的替代效應為正,一種商品的價格降低,消費者會用該商品去替代其他商品,從而使得該商品需求量增加。低檔商品的替代效應也為正,即價格下降的商品使得低收入的消費者增加對該商品的需求量。

表 5-1　GTP 前三國人均國民收入(單位:美元)

年份＼國家	2011年	2012年	2013年
美國	48890	52610	53960
日本	35510	36750	37630
中國	8430	9040	11850

資料來源:世界銀行集團官網(http://www.worldbank.org.cn/)

表 5-1 是美國、日本與中國近幾年的人均國民收入資料,可以看出各國的人均收入是在不斷地增長。居民收入水準是直接影響市場容量大小的重要因素,居民收入水準直接決定消費者購買力水準,收入水準高,則購買力強,反之則弱。收入水準的提高,使消費者的購買力增加,從而對正常品的需求量增多。

從消費稅和政府補貼來說,消費稅是政府向消費品徵收的稅項,可從批發商或零售商那裡徵收。消費稅是典型的間接稅,是在對貨物普遍徵收增值稅的基礎上，選擇少數消費品再徵收的一個稅種。消費稅的徵收與否直接影響著商品的價格，也影響著人們的需求量。目前中國消費稅的徵收範圍主要有：煙，酒及酒精，鞭炮，焰火，化妝品，成品油，貴重首飾及珠寶玉石，高爾夫球及球具，高檔手錶等。政府補貼是指一成員方政府或任何公共機構向某些企業提供的財政捐助以及對價格或收入的支援，以直接或間接增加從其領土輸出某種產品或減少向其領土內輸入某種產品，或者對其他成員方利益形成損害的政府性措施。政府補貼可穩定價格，對商品的價格實行支持。

第三節　國際市場行情現狀分析

　　2008 年的美國的次貸危機使得全球陷入了經濟危機，2014 年全球經濟增長幅度為 2.6%，略高於 2013 年 2.5% 的增長。增長步伐存在明顯的國別差異，國際金融危機之後的結構調整仍然沒有結束，拖累著全球增長。聯合國經濟和社會事務部最新發表的《2015 年世界經濟形勢與展望》報告顯示，2014 年世界經濟繼續緩慢增長， 2015 年和 2016 年世界經濟分別增長 3.1% 和 3.3%。

一、失業率和就業率分析

　　根據經濟合作與發展組織（OECD）的定義，就業率為用於測量可工作年齡的人口（15 歲至 64 歲）中雇員的比率，即就業人數與人口的比率。根據國際勞工組織（ILO）的定義，當一個人在最近的一周內，如果在 "可收穫的" 崗位上工作了一小時以上，即為被雇用。就業率可衡量一個經濟體創作工作崗位的能力，因此通常與失業率共同用於評估勞動力雇用市場的狀況。

　　在經濟學範疇中，一個人願意並有能力為獲取報酬而工作，但尚未找到工作的情況，被認為是失業。失業率是勞動人口裡符合 "失業條件" 者所占的比例。

　　由美國經濟學家亞瑟·奧肯（Arthur M. Okun）在 1962 年提出奧肯法則：失業率每高於 / 低於自然失業率 1 個百分點，實際 GDP 增長率將低於 / 高於潛在 GDP 增長率 2 個百分點。這種關係可用公式表示：失業率變動百分比＝ -1/2×（GDP 變動百分比 -3%）。奧肯定律在提出後的某些時期的確能應驗無誤，但時至今日奧肯定律的數字已經無法準確預測失業率與 GDP 的關係，不過奧肯定律所反映的經濟增長率越高，而失業率就越低的反比關係依然有參考意義。

　　紐西蘭統計學家威廉菲力浦斯（Alban William Phillips）於 1968 年根據英國百餘年（1867—1957）的宏觀經濟資料，畫出了一條表現通貨膨脹與失業率關係的曲線，資料以名義工資的增長率與失業率的不能相容的關係進而推論通貨膨脹率與失業率的關係，得出通貨膨脹率與失業率的負關係。菲利普斯曲線表明：通貨膨脹率與失業率存在交替關係，通貨膨脹率高時，失業率低；通貨膨脹率低時，失業率高。

　　影響就業率的因素有國民產出水準、工資水準、通貨膨脹率和其他因素。在經濟繁榮時期，失業率低，就業率水準高；在經濟蕭條時期，就業水準低，失業率高。國民產出水準的提高或降低會直接影響就業率的上升或下降。奧肯定律描述了國民生產總值變化與失業率間的關係。工資可以對勞動力供求的變化作出反映，但其調整過程是非常緩慢的，正是調整的緩慢才導致失業的上升和下降，也影響就業率的變化。通貨膨脹率也影響著就業，菲力浦斯曲線表示通貨膨脹率和失業率之間的相互關係。在短期內，通貨膨脹率與失業率成反向關係，即低水準的失業率伴隨著高水準的通貨膨脹率。雖然在長期內，長期菲力浦斯曲線表示它們不存在替代關係，但總體上說，通貨膨脹率對就業率的影響是存在的。另外，政府政策、勞動者結構和經濟結構的變化等都影響著就業率。

　　因此，一國的就業率與失業率反映著一國的經濟狀況。1929 年的經濟危機下，資本主義世界失業工人達到 3 000 多萬，美國失業人口 1 700 多萬，幾百萬小農破產，無業人口顛沛流離。2008 年的經濟危機下，世界許多國家的失業率更是創了歷史新高。國際勞工組織在日內瓦發佈全球工作報告《修復經濟與社會架構》稱，全球失業人數 2015 年將增至 2.08 億。報告指出，新興經濟體和發展中經濟體的就業率 2015 年將恢復到金融危機前的水準，而發達經濟體則到 2018 年才回到危機前的水準。

二、金融市場波動和通貨膨脹分析

在國際經濟發展中，資本佔據著十分重要的地位，隨著離岸金融市場的發展，國際金融市場發生了巨大的變化。在經濟全球化的今天，國際金融市場對各國經濟都有著非常重要的影響，也是世界各國經濟健康發展的一個重要影響因素。

（一）金融市場波動分析

從宏觀經濟學角度來看，影響金融波動的因素主要有：實體經濟因素、貨幣供應因素、資本流動因素。經濟是金融賴以存在的基礎，金融市場是為經濟運行服務的，實體經濟基本可用 GDP 增長率、工業增加值、進出口貿易額、失業率、消費指數等多個指標來衡量。經濟的快速增長往往會帶來金融投資收益的增加，不同金融市場與實體經濟關聯的程度不同，決定了各市場之間相關性的差異。金融市場對實體經濟的反應通常是透過預期來實現的，另外，產業、貿易、財政等政策也會對金融市場產生明顯的影響，某些政策可能會導致市場的波動溢出。

在一個理想的市場環境下，資金可以隨時流向收益風險比最高的金融產品，獲得投資收益的最大化。在現實環境中，各個國家、各個市場之間存在不同程度的隔閡，資本流動受到若干因素的制約，這就影響了金融市場波動相關的程度。

貨幣供求關係可以決定利率、通脹率等一系列重要經濟指標，進而對實體經濟和金融市場造成影響。如利率下調可以降低企業融資成本，增加企業盈利，促使股票市場價格上漲；低利率促使資金由債券市場向股票市場轉移，股票價格被推高，債券價格下降；在開放的經濟環境下，利率平價機制使利率和匯率建立了密切的聯動關係，利率下降會引起即期匯率下降和遠期匯率上升。

（二）通貨膨脹分析

在經濟學上，通貨膨脹意指整體物價水準持續性上升。一般性通貨膨脹為貨幣貶值或購買力下降，而貨幣貶值為兩經濟體間之幣值相對性降低。前於形容全國性的幣值，而後者用於形容國際市場上的附加價值。 在有通貨膨脹的情況下，必將對社會經濟生活產生影響。如果社會的通貨膨脹率是穩定，人們可以完全預期，那麼通貨膨脹率對社會經濟生活的 影響很小，因為在這種可預期的通貨膨脹之下，各種名義變數（如名義工資、 名義利息率等）都可以根據通貨膨脹率進行調整，從而使實際變數（如實際 工資、實際利息率等）不變。這時通貨膨脹對社會經濟生活的唯一影響，是 人們將減少他們所持有的現金量。但是，在通貨膨脹率不能完全預期的情況 下，通貨膨脹將會影響社會收入分配及經濟活動。因為這時人們無法準確地 根據通貨膨脹率來調整各種名義變數，以及他們應採取的經濟行為。

美國的次貸危機引發了大蕭條以來最為嚴重的全球性金融危機，重創了金融市場和實體經濟。當前，包括歐元區、日本、中國等多個經濟體在內的通貨膨脹率持續下行，低通脹正在全球範圍內蔓延，並可能進一步帶來通縮風險。根據國際貨幣基金組織評估資料，在 1990—2013 年，全球通脹率平均為 11%，2014 年該數值預計為 3.9%；其中低通脹率的發達經濟體，1990—2013 年年均通脹率為 2.3% 2014 年僅為 1.7%。而 2014 年 11 月最新資料顯示，美國 CPI 和 PPI 分別同比增長 1.3% 和 1.0%，兩項指標均已連續 6 個月持續下降；歐元區更不樂觀，分別為 0.3% 和 -1.3%，PPI 已連續 17 個月負增長；中國 CPI 和 PPI 分別為 1.44% 和 -2.77%，PPI 已連續 33 個月負增長，出現工業通縮的風險概率大大上升。目前來看，全球多家國際機構已發佈警告，國際貨幣基金組織更是在最新版的《全球經濟展望》中將此視為全球經濟復甦的最大威脅。在全球總體流動性資本總體比較充裕、多國繼續實施量化寬鬆政策的大背景下，全球通縮風險卻持續增強，這背後既包括世界經濟增長遲緩、總需求不足等原因，更突顯出一些深層次的結構性因素：全球經濟仍難以擺脫深度調整壓力，全球已由國際金融危機前的快速發展期進入深度結構調整期。全球經濟復甦步伐低於預期，產出缺口依然保持高位，一些國家仍然在消化包括高負債、高失業率在內的金融危機的後續影響。同時，由於勞動力人口老齡化、勞動生產率增長緩慢導致全球經濟潛在增速下降和價格總水準下降。

三、國際貿易指標與國際收支分析

企業在進行全球化發展和國際市場調查時，國際貿易指標和國際收支除了策略上具有指導作用，它還涉及企業的經濟、政治，影響著企業經營方向的決策，甚至關係到一個大企業的命脈。

（一）國際貿易指標分析

國際貿易的統計指標有：國際貿易額、對外貿易額、國際貿易量、國際貿易依存度、對外貿易依存度、貿易差額。

國際貿易額是指世界各國出口貿易額的總和，是以貨幣表示的國際貿易規模的指標。由於美元是國際貿易中使用最廣泛的計價與結算貨幣，國際貿易額都以美元表示。對外貿易額是指一國或一個地區在一定時期內進口和出口的總值，是以貨幣（本幣或美元）表示的一國對外貿易規模的指標，它包括進口貿易額與出口貿易額。國際貿易量是以商品的計量單位表示的國際貿易規模的指標，計算國際貿易量的原因是以貨幣表示的貿易額經常受到價格變動的影響，不能準確反映貿易的實際規模。國際貿易依存度是指國際貿易額占其同期世界總產值的比重，是反映世界各國參與國際分工和經濟全球化的重要指標。"二戰"後，由於國際貿易的增長速度超過世界總值的增長速度，因此國際貿易依存度不斷提高。對外貿易依存度是指一國對外貿易額占同期國內生產總值（GDP）的比重，它是反映一國與國際市場聯繫程度的指標。對外貿易依存度的提高既可以反映一個國家和地區融入世界經濟的程度提高，又可以表明其對國際市場的依賴程度在提高，受外部經濟衝擊的風險在加大。貿易差額是指一國在一定時期內（通常為一年）出口總額與進口總額之間的差額，用以表明一國對外貿易的收支狀況。

透過對這些指標的統計與分析，可以得出當前的經濟狀況。

（二）國際收支分析

國際收支是指一定時期內一個經濟體（通常指一個國家或者地區）與世界其他經濟體之間發生的各項經濟活動的貨幣價值之和。

國際收支危機是指一國在某一特定時期內國際收支發生巨額逆差。國際收支危機是一種信用危機，表現為銀行或金融機構流動性資金嚴重不足而發生擠提和倒閉，或者投資者對一個國家的償債能力喪失信心而導致資金停止流入或大量流出，以及引起的一系列連鎖反應。

資本主義國家的國際收支經常處於順差或逆差的不平衡狀態中。當經常專案與資本專案的兩項收支相抵後出現巨額的支大於收的差額時，則對外負有巨額的到期債務，市場上對外國貨幣的需要激增，而國家銀行又沒有足量的外國貨幣來滿足市場需要，被迫出售黃金或向外國借款來調節國際收支的不平衡。如果各國政府出現國際收支巨額逆差時，不及時採取各種調節政策和調節措施，就會對其經濟和政治產生嚴重影響。

調節國際收支危機的政策和措施主要有：貼現政策、建立外匯平准基金、對本國貨幣的對外匯率進行法定貶值或促使下浮、鼓勵勞務輸出、平衡國際收支以及實行外匯管制。

貼現政策是指貨幣當局透過變動自己對商業銀行所持票據再貼現的再貼現率來影響貸款的數量和基礎貨幣量的政策，現在已是擴及對商業銀行各種信用支持的利率。一國中央銀行以提高或降低貼現率的辦法以緊縮或擴充貨幣投放於信貸規模，吸收或排斥國際短期資本的流出入，以達到調節經濟與國際收支的目的。外匯平准基金一般由外匯、黃金和本國貨幣等構成，當某一時期外匯匯率持續上升、本幣匯率持續下跌時，就透過平准基金在外匯市場上賣出外匯，買進本幣；反之則賣出本幣，買入外匯，以此穩定匯率。由於外匯平准基金也並非取之不盡，因此，當一國國際收支發生根本性或長期性失衡，並使匯率持續升跌時，對平准基金的運用必須謹慎進行。外匯管制是指一國政府為平衡國際收支和維持本國貨幣匯率而對外匯進出實行的限制性措施，政府能透過一定的外匯管制措施來實現本國國際收支平衡、匯率穩定、獎出限入和穩定國內物價等政策目標。

四、國際組織分析

國際組織是具有國際性行為特徵的組織，可以解決國與國之間的各項事務。國際組織可分為兩種主要形態：政府間國際組織，成員都是主權國家或其他成員不必為主權國家的國際組織（像歐盟和世界貿易組織）；非政府間國際組織（NGOs），任何國際組織凡未經政府間協定而建立，均被視為是為這種安排而成立的非政府國際組織，包括獨立組織、民間組織、第三部門、志願協會。

國際組織在功能上、成員以及成員的標準上有區別。某些國際組織（全球性的國際組織）是允許所有國家加入的，這樣的組織有聯合國以及它的下屬機構、世界貿易組織等。還有一些國際組織是接受世界上某一地區或大陸的成員加入的，像歐盟、非洲聯盟、東盟、上海合作組織等。

（一）全球性國際組織

　　全球性的國際組織有聯合國、世界貿易組織、萬國郵政聯盟、伊斯蘭會議組織、國際刑警組織、國際君主立憲組織、國際貨幣基金會、國際民主選舉基金會、國際航道測量組織、世界自然保護聯盟。我們來分析其中的幾個：聯合國、世界貿易組織、萬國郵政聯盟以及國際貨幣基金會。這些全球性的國際組織在國際事務上發揮著重要的作用。

　　聯合國是一個由主權國家組成的國際組織，致力於促進各國在國際法、國際安全、經濟發展、社會進步、人權、公民自由、政治自由、民主及實現持久世界和平方面的合作。聯合國成立於第二次世界大戰結束後的 1945 年，它在促進世界和平中扮演著重要角色，並為各國提供了對話平臺。

　　世界貿易組織是負責監督成員經濟體之間各種貿易協定得到執行的一個國際組織，前身是 1948 年起實施的關稅及貿易總協定的秘書處，總部位於瑞士日內瓦。截至 2013 年 3 月 2 日，世界貿易組織共有 159 個成員。世界貿易組織扮演著許多角色，它是多邊貿易體制的法律基礎和組織基礎，是眾多貿易協定的管理者，充當著各成員貿易立法的監督者，也是貿易進行談判和解決爭端的場所。它是當代最重要的國際經濟組織之一，其成員間的貿易額占世界貿易額的絕大多數，被稱為 "經濟聯合國"。

　　萬國郵政聯盟是協調成員國之間的郵務政策的聯合國專門機構，也就是世界郵政的國際組織。每個成員國均同意並接受在相同的條件下處理國際間的郵務職責。萬國郵政聯盟確立寄信至世界任何地方應有近似一致的一律郵資費率；郵政當局應給予外國與國內郵件相同的待遇；各國應保留國際郵資收款。

　　國際貨幣基金組織於 1945 年 12 月 27 日成立，為世界兩大金融機構之一，職責是監察貨幣匯率和各國貿易情況、提供技術和資金協助，確保全球金融制度運作正常。國際貨幣基金組織透過以下三項主要職能來達到促進國際金融體系穩定的目的：①監督：監督國際貨幣體系和成員國的政策，並跟蹤各地的經濟和金融情況，在必要時提出警告；②貸款：援助國際收支困難的國家貸款；③技術援助和培訓：幫助成員國發展健全的制度和經濟政策工具。

（二）區域性國際組織

　　區域性國際組織是以區域為依據而建立的組織，如歐洲地區：歐盟、歐洲議會、歐洲自由貿易協會、歐洲空間局、歐洲專利組織；亞洲地區：亞洲合作對話、東盟、南亞區域合作聯盟、海灣阿拉伯國家合作委員會、東亞峰會、國際專業管理亞太年會；歐亞地區：獨聯體、上海合作組織、歐亞經濟共同體、中亞合作組織、古阿姆集團、黑海經濟合作組織；非洲地區：非洲聯盟、協約理事會、西非國家經濟共同體（西非）、南部非洲發展組織（南非）、政府間發展管理局（東非）、阿拉伯馬格裡布聯盟（北非）；西半球：美洲國家組織、南美洲國家聯盟、南方共同市場、安第斯國家共同體、加勒比國家聯盟、東加勒比國家組織、中美洲議會、裡約集團、北美自由貿易協定；大西洋地區：北大西洋公約組織、歐洲安全與合作組織；太平洋地區：亞洲太平洋經濟合作會議、太平洋島國論壇、太平洋共同體；印度洋地區：環印度洋區域合作聯盟；北冰洋地區：北極理事會。如圖 5-2 所示。我們來分析其中的幾個：歐洲聯盟、東南亞國家聯盟、非洲聯盟、北美自由貿易協定、亞洲太平洋經濟合作組織。這些區域性組織有利於形成較強的力量，從而維護區域在國際事務中的利益。

區域性國際組織

歐洲：歐盟、歐洲議會、歐洲自由貿易協會、歐洲空間局、歐洲專利組織
亞洲：亞洲合作對話、東盟、南亞區域合作聯盟、海灣阿拉伯國家合作委員會、東亞峰會、國際專業管理亞太年會
歐亞：獨聯體、上海合作組織、歐亞經濟共同體、中亞合作組織、古阿姆集團、黑海經濟合作組織
非洲：非洲聯盟、協約理事會、西非國家經濟共同體（西非）、南部非洲發展組織（南非）、政府間發展管理局（東非）、阿拉伯馬格裡布聯盟（北非）
西半球：美洲國家組織、南美洲國家聯盟、南方共同市場、安第斯國家共同體、加勒比國家聯盟、東加勒比國家組織、中美洲議會、裡約集團、北美自由貿易協定
大西洋：北大西洋公約組織、歐洲安全與合作組織 太平洋：亞洲太平洋經濟合作會議、太平洋島國論壇、太平洋共同體 印度洋：環印度洋區域合作聯盟
北冰洋：北極理事會

圖 5-2　區域性國際組織

1. 歐盟

歐洲聯盟（歐盟）是根據 1993 年生效的《馬斯特里赫特條約》所建立的政治經濟聯盟，現擁有 28 個成員國。歐洲聯盟目前是歐洲地區規模較大的區域性經濟合作的國際組織，其宗旨是促進和平，追求公民富裕生活，實現社會經濟可持續發展，確保基本價值觀，加強國際合作。歐洲聯盟促進了歐洲經濟一體化，帶動了區域內經濟的發展，使其成為一個利益集團，可以更好地維護成員國的利益。

2. 東盟

東南亞國家聯盟，簡稱東盟，是集合東南亞區域國家的一個政府性國際組織。東盟成立初期，基於冷戰背景，主要任務之一是防止區域內共產主義勢力擴張，合作側重軍事安全與政治中立。冷戰結束後各國政、經情勢趨穩，並接納社會主義國家越南等加入。

3. 非洲聯盟

非洲聯盟是一個包含了 54 個非洲會員國的聯盟，是屬於集政治、經濟和軍事於一身的全非洲性的政治實體。非洲聯盟於未來有計劃統一使用貨幣、聯合防禦力量以及成立跨國家的機關，這包括一個管理非洲聯盟的內閣政府。它的主要目的是説明發展及穩固非洲的民主、人權以及能永續發展的經濟，除此之外亦希望減少非洲內部的武裝戰亂及創造一個有效的共同市場，最終目標是建立"非洲合眾國"。

4. 北美自由貿易協定

北美自由貿易協定是美國、加拿大及墨西哥在 1992 年 8 月 12 日簽署的關於三國間全面貿易的協定。與歐盟性質不一樣，北美自由貿易協定不是淩駕於國家政府和國家法律上的一項協議。它於 1994 年 1 月 1 日正式生效，並同時宣告北美自由貿易區正式成立。

5. 亞洲太平洋經濟合作組織

亞洲太平洋經濟合作組織是亞太區內各地區之間促進經濟成長、合作、貿易、投資的論壇，始設於 1989 年，現有 21 個成員經濟體。亞洲太平洋經濟合作組織是經濟合作的論壇平臺，其運作是透過非約束性的承諾與成員的自願，強調開放對話及平等尊重各成員意見，不同於其他經由條約確立的政府間組織。

（三）其他國際組織

其他國際組織主要有：經濟合作與發展組織、石油輸出國組織、英聯邦、法語國家組織、葡語國家共同體、拉丁語聯盟、阿拉伯國家聯盟、不結盟運動、伊比利亞－美洲合作組織、伊斯蘭會議組織、國際聯誼城市、加勒比國家聯盟、八國集團首腦會議。

經濟合作與發展組織是全球 34 個市場經濟國家組成的政府間國際組織，其宗旨為：幫助各成員國家的政府實現可持續性經濟增長和就業，提升成員國生活水準，同時保持金融穩定，從而為世界經濟發展作出貢獻。其組建公約中提出：經濟合作與發展組織應致力於為其成員國及其他國家在經濟發展過程中的穩固經濟擴展提供幫助，並在多邊性和非歧視性的基礎上為世界貿易增長作出貢獻。

石油輸出國組織的設立是出於世界主要石油生產國為共同對付西方石油公司和維護石油收入。1960 年 9 月 10 日，伊拉克、伊朗、科威特、沙特阿拉伯和委內瑞拉代表在巴格達開會商議成立一個協調機構，9 月 14 日 “石油輸出國組織” 正式宣告成立。它成立的目的是協調和統一成員國石油政策和價格，確定以最適宜的手段來維護它們各自和共同的利益；並借機撤除有害和不必要的波動，策劃出不同的方法來確保國際石油市場價格的穩定；給予產油國適度的尊重和必不可少而穩定的收入；給予石油消費國有效、經濟而穩定的供應；並給予石油工業投資者公平的回報。

第四節　國際市場行情發展趨勢分析

在國際市場行情的運行與活動中，對外貿易既是一個重要的影響因素，同時又是其中極其重要的一個國際市場行情傳遞通路。在經濟全球化時代，這種通路的影響越來越明顯。我們在這裡將從國際貿易的角度闡述當代國際市場行情的發展趨勢。

一、國際貿易的發展趨勢分析

在上節中，我們提到了國際收支危機，即一國在某一特定時期內國際收支發生巨額逆差。那麼，一國的貿易順差是不是越高就越好呢？本小節我們從順差與逆差來分析國際貿易的發展趨勢。

　　在一定的單位時間裡（通常按年度計算），貿易的雙方互相買賣各種貨物，互相進口與出口，甲方的出口金額大過乙方的出口金額，或甲方的進口金額少於乙方的進口金額，其中的差額，對甲方來說，就叫貿易順差；反之，對乙方來說，就叫貿易逆差。

　　當一個國家出現貿易逆差時，即表示該國外匯儲備減少，其商品的國際競爭力削弱，該國在該時期內的對外貿易處於不利地位。大量的貿易逆差將使國內資源外流加劇，外債增加，影響國民經濟正常有效運行。如果一個國家經常出現貿易赤字現象，為了要支付進口的債務，必須要在市場上賣出本幣以購買他國的貨幣來支付出口國的債務，這樣，國民收入便會流出國外，使國家經濟表現轉弱。政府若要改善這種狀況，就必須要把國家的貨幣貶值，因為幣值下降，即變相把出口商品價格降低，可以提高出口產品的競爭能力。因此，當該國外貿赤字擴大時，就會利淡該國貨幣，令該國貨幣下跌；反之，當出現外貿盈餘時，則是利好該種貨幣的。我們在前面的小節中已經分析過調控逆差的措施與政策，接下來，我們分析貿易順差對一國的影響。

　　貿易順差是指在特定年度一國出口貿易總額大於進口貿易總額，又稱"出超"，表示該國當年對外貿易處於有利地位。貿易順差的大小在很大程度上反映一國在特定年份對外貿易活動狀況。通常情況下，一國不宜長期大量出現對外貿易順差，因為這很容易引起與有關交易夥伴國的摩擦。貿易順差過高則意味著本國經濟的增長比過去幾年任何時候都更依賴於外部需求，對外依存度過高。巨額的貿易順差也帶來了外匯儲備的膨脹，也給國際上貿易保護主義勢力以口實，認為巨額順差反映的是貨幣被低估。這增加了貨幣升值壓力和金融風險，為貨幣匯率機制改革增加了成本和難度。

　　在上一章中，我們已經分析出世界貿易的進出口總額是在不斷地增長，說明世界各國之間的貿易聯繫是不斷密切的。圖 5-3 是中國的進出口總額圖，可以看出中國的進出口貿易形成順差，並且這個順差的數額並不大。這就保證了經濟的相對穩定。

　　美國的貿易逆差一直是人們關注的焦點，圖 5-4 是美國的進出口總額，可以看出美國的貿易逆差一直是數額巨大的。美國貿易逆差的形成原因主要是美國的經濟政策、美國的經濟特點、美國經濟全球化以及國際環境等方面的因素。美國巨額貿易逆差的維持很大程度上取決於美國獨一無二的經濟霸主地位和處於壟斷地位的美元。在一段時間內無論是美國經濟還是美元的特殊地位都是很難動搖的，美國貿易逆差雖然可能會在某些時候有一些波動，但是總體上是可以維持的。

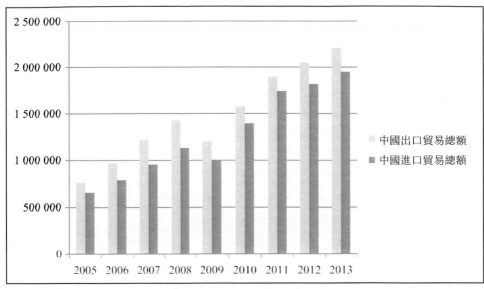

圖 5-3　中國貿易進出口總額（單位：美元百萬）

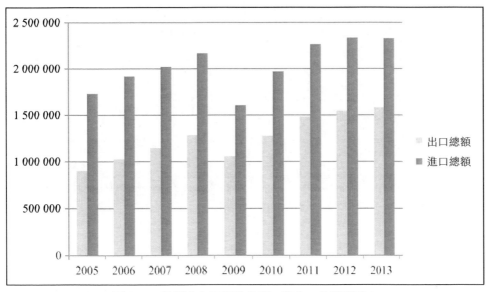

圖 5-4　美國進出口貿易總額（單位：美元百萬）

　　在經濟全球化的背景下，國際市場的形成為國際貿易的發展提供了一個良好的基礎，在這個大市場中，各國之間的貿易往來頻繁，世界各國的經濟聯繫更加密切。

二、國際貿易與直接投資的關係

國際貿易和國際直接投資是國際分工的兩種基本表現形式,是兩種最重要的國際經濟關係。隨著經濟全球化的發展,人們對國際貿易和國際直接投資現象有更深刻的認識。一般認為,國際貿易與國際直接投資之間存在互相替代、互相補充、互相促進等關係。

(一)國際貿易與國際直接投資的替代關係

國際貿易與國際直接投資的替代關係是指貿易障礙會產生資本的流動,而資本流動障礙會產生貿易。從靜態角度分析,一種商品可以透過貿易或投資方式進入一國市場,選擇了投資便會替代貿易,尤其是在兩國生產函數相同或近似的情況下替代效應更為明顯。從國際投資發展的歷史過程來看,最初的國際直接投資是為了規避國際貿易中的諸多壁壘,正是由於存在各種貿易壁壘,使得國際貿易與國際直接投資之間在一定的經濟發展階段和國際經濟關係下是相互替代的。國際直接投資對國際貿易的替代實際上是以生產要素的國際間流動(主要是資本)來代替商品的國際間流動,從而繞過關稅壁壘。實際上國際貿易與國際直接投資的替代不可能是完全的替代。

(二)國際貿易與國際直接投資的互補關係

國際直接投資對國際貿易的補充關係主要是指國際直接投資可以在母國和東道國之間創造新的貿易機會,使貿易在更大的規模上進行。當今的國際直接投資已不再是簡單的資本流動,它是包括資本、技術、經營管理和人力資本的總體移動,許多投資的原因並不是因為貿易壁壘障礙引起的,那麼投資和貿易之間就將表現為一種互補關係而不是替代關係。國際直接投資對貿易的促進效果主要是透過跨國公司內部貿易實現的。跨國公司主要是透過兩種方式促進國際貿易的發展:一是跨國公司利用國際分工來實現國際生產的專業化、協作化,跨國公司內部的跨國界的商品交易造成國際貿易量的擴大;二是跨國公司為了實現對外擴張獲得高利潤的目的,不斷在海外投資興建、擴建、並購企業，使大量的機器設備、商品、勞務流向了國外的分公司和子公司，促進國際貿易的擴大。

（三）當代國際貿易與國際直接投資的交叉與融合

當代國際貿易與國際直接投資的交叉與融合主要體現在四個方面：國際貿易與國際直接投資在地理區域與產業分佈上呈現高度的一致性，國際直接投資的地理流向與國際貿易的地理流向的相近性，能夠在一定程度上反映國際直接投資對國際貿易的創造效應；國際直接投資的產業流向與國際貿易商品結構的變化相一致；國際直接投資改變了國際貿易的模式與格局，從發展趨勢上看，國際分工正從產業、部門向產業內專業化分工發展，這正是國際直接投資與國際貿易互動的結果；從當代國際貿易協調機制來看，世界經濟中投資和貿易問題結合起來的趨勢在關貿總協定和世界貿易組織框架中都有所體現。

三、國際市場結構走向高級化

市場結構指的是某一市場中各種要素之間的內在聯繫及其特徵，包括市場供給者之間、需求者之間、供給者和需求者之間以及市場上現有的供給者、需求者與正在進入該市場的供給者、需求者之間的關係。四種一般的市場結構類型是完全競爭、壟斷競爭、寡頭壟斷和完全壟斷。

（一）完全競爭

完全競爭指的是在這種市場上，不存在任何壟斷因素，競爭可以充分展開，市場機制在資源配置方面的作用不受任何阻礙和干擾。完全競爭市場的特徵是市場上有眾多的買者和賣者，每個廠商提供的產品同質，生產要素可以自由流動，市場訊息完全。

（二）壟斷競爭

壟斷競爭是指一種既有競爭又有壟斷、競爭與壟斷相結合且偏向完全競爭的市場結構類型。它與完全競爭有類似之處，即存在數量較多的競爭者能夠自由地進入和退出市場。但它又具有壟斷的特徵，不同企業生產的產品不具備完全替代關係，即存在著所謂的產品差別，企業對其產品又具有一定的壟斷力量。壟斷競爭市場的特徵是行業中廠商數量很多，各廠商生產的是有差別的同類產品，廠商進出市場自由。

（三）寡頭壟斷

寡頭壟斷就是少數人的壟斷，是指在某一產業中只存在少數廠商對市場的瓜分與控制。寡頭壟斷是既包含壟斷因素，又包含競爭因素但以壟斷為主的一種市場結構類型。它在現實中是一種普遍的市場結構形式。寡頭壟斷市場的特徵是行業內廠商數目很少，進入該行業存在較高的壁壘，廠商之間相互依存，利益關係密切。

（四）完全壟斷

完全壟斷是同完全競爭相對的另一個極端的市場結構類型。指一家廠商控制了某種產品全部市場供給，或者說是只有一個賣者的市場。完全壟斷市場的特徵是市場上只有一個廠商生產和銷售產品，它的產品不能被其他產品所替代，其他廠商無法進入。

隨著經濟的發展，國際貿易發生了新的變化，國際市場出現了一些新特點，市場結構隨著環境的變化走向高級化。在如今的環境下，企業之間的競爭更加激烈化，壟斷競爭與寡頭壟斷的市場結構正在發生變化，技術的進步、國際化分工、企業之間的合作等正在改變著現有的市場結構。例如，蘋果公司引領的智慧手機的革命，使整個手機市場結構發生了巨大的變化，一些新的手機品牌逐漸打入市場，原有的品牌卻淡出了人們的視野。從這一個例子中，我們就可以感受到國際市場結構在現今的經濟技術條件下逐漸發生的變化。

───────────────────────────────────── > > >

國際案例

國際石油市場行情分析

石油不僅是重要的能源產品，而且還是重要的化工原料，在國民經濟中有著非常重要的作用。石油在能源領域的重要性是眾所周知的，在過去的 30 年中，世界初級能源供應的 40% 是由石油提供的。它不僅是世界上最重要的能源之一，而且以石油為原材料加工出來的一系列產品也是世界上最重要的化工原料。

1. 經濟週期是影響石油市場行情變化的內在因素 世界經濟的週期性波動基本上決定了國際原油需求的變動趨勢。在世界經濟整體增長較快時，石油的需求也隨之大幅度上升；反之，世界經濟下降時，石油需求也隨之下降，二者的變動呈正相關。世界經濟的增長對石油行情的影響是透過影響石油市場需求而實現的。不論是就中國還是全球而言，石油的消費總量與經濟的增長之間都是呈正相關的，石油的消費量隨著經濟的增長而增長。在未來幾年或者更長時間內中國經濟增長率保持在 8% 左右，則年石油消費需求的增長率將保持在 5% 左右，而且隨著人口的增長以及人們生活水準的提高，年石油需求的增長率將會逐漸有所提高。

2. 供求關係是影響國際石油市場行情的決定性因素 商品的價格是由商品的供給和需求兩者共同決定的，商品的均衡價格就是二者相等時的價格，它是市場在供求力量的調節下自發形成的。商品的供給量和需求量是處於不斷變化中的，商品供求量的變動使得商品的市場價格圍繞其價值或者生產成本上下波動。就目前的市場來說，世界的石油主要由石油輸出國組織即 OPEC 和非 OPEC 國家提供。世界上絕大部分的石油探明儲量都在 OPEC 國家，其產量和政策對世界石油市場價格有很大的影響。在 1973 年以前由於石油的生產權在西方已開發國家手中，已開發國家作為世界最主要的石油消費國，自然不會提高價格，因而石油價格一直是低位運行的，石 油價格處於 1.8 ～ 2 美元／桶。經過兩次石油危機以後 OPEC 國家逐漸掌握 了石油市場的主動權，開始透過限制產量來對付已開發國家，由於產量的減少， 而需求並未隨之減少，石油價格開始上升。1974 年到 1978 年石油價格上升到 10 ～ 12 美元／桶。1981 年到 1986 年則為 OPEC 國家實行原油產量配額的高 油價時期，石油價格一直在 25 美元到 40 美元徘徊。然而兩次石油危機卻催 生了非 OPEC 國家原油產的增長、開採技術的提高（生產成本的下降）、節 能技術以及替代能源的發展，因而石油的供給又隨之提高，石油的價格趨於 平穩。由此可見，每一次石油供給量的變動都會導致石油價格的變化。石油 的需求在根本上是受經濟增長率決定，但除此之外，還受到替代能源和節能 技術的發展及其應用以及世界人口數量變化的影響。石油作為一種策略能源，雖然不存在絕對的替代能源，但在某些用途上還是存在替代能源的。在某一或幾個用途上，當石油價格高於其替代能源的價格時，大多數消費者會傾向 於替代能源而放棄石油。節能技術的發展則在一定程度上緩和了石油市場 的供需矛盾。隨著經濟的發展，對能源的需求越來越大，各國也都開始大力 開發可再生新能源和節能技術，這勢必將對石油市場的長期走勢產生一定的 影響。

3. 石油生產成本是影響石油價格的基礎性因素 石油生產成本主要包括勘探成本、鑽井成本、採油成本以及科研成本。

就目前來說，石油行業已不可逆轉地進入高成本階段，其中油價上升是石油生產成本增加的一個主要原因。受石油價格上升的拉動作用的影響，鋼材和其他原材料以及相關行業的成本上升，物價出現整體上漲，從而使勘探開採石油所需設備的價格以及相關費用也隨之增加。另外，油田自身的因素也是開發成本上升的原因之一，隨著有油氣田的開發，大部分油田均出現高含水、高採收率、高採油速度的特點，為了提高油氣田的產量，必然加大作業的難度，從而提高了生產成本。除此之外，就現已探明的儲量，相當一部分必須採用成本較高的技術才能開採，如加密井網、三次開採。由此，隨著石油的不斷開採，剩餘儲量的開採難度會越來越大，未來的石油開採成本將會不斷提高。根據馬克思的價值理論，石油生產成本的上升必然帶來石油價格的上升。

4. 影響國際石油市場行情的其他因素 世界經濟週期即世界經濟的發展狀態決定了世界石油消費量的增長狀況，世界石油的儲量以及由此決定的生產量決定了石油的供給量，二者之間的相互作用決定了國際石油市場行情的長期態勢，新能源的開發以及節能技術的發展在一定程度上緩和了國際石油市場上供需緊張的狀況。然而石油作為一種策略性資源，其價格不僅受到供需狀況的影響，而且還受到產油國政策以及世界政局、自然災害、氣候、金融市場投機活動等其他因素的影響，正是這些因素的影響才使得國際石油市場行情在總體上升的過程中又在短期內上下頻繁波動。

石油對國民經濟的發展有著重要的影響，隨著世界經濟的發展、國際形勢的變化，我們國家應該借鑒一些已開發國家的石油策略，從而確保自身的石油安全。

第六章
國際市場環境分析

文獻綜述

文獻綜述

　　企業是一個多元素的複合體。這個將各種資源集合起來的整體，因為統一的奮鬥目標而有序進行發展（巴納德，1983）。趙錫斌教授是國內研究企業環境的第一人，他認為企業環境這個複雜系統包括四個方面：社會、市場、企業內部及自然。社會、市場、自然統稱為企業的外部環境，不包括企業的內部環境。國內外關於企業外部環境的研究很多，學者們大多將企業的外部環境劃分為若干個可測量或易計算的維度進行研究，其中以六維度較為常見。席酉民教授將企業外部環境劃分為六個維度之後，從理論和實證兩個方面進一步進行更為具體的闡述並撰寫了《企業外部環境分析》。在國際市場環境分析中，國際市場的經濟環境、社會文化環境及政治和法律環境包含了社會、市場和自然三個因素。楊忠直（2003）只把市場環境轉換為經濟環境。趙錫斌（2004）教授的研究認為，企業的外部環境間接或直接影響企業效益，外部環境包括一切處於企業外部的因素，如社會、政治、人文、法律、自然、經濟等。外部環境提供的資源、機會和約束在企業內部進行轉化，形成企業有價值的產出，並回饋到外部環境中去。高勇強、田志龍（2004.2）指出任何企業都面臨著複雜的社會環境，受到社會中各種各樣因素的影響，宏觀經濟條件、人口、技術、政治法律等都是其所面臨的經營環境，其中，政治法律環境對企業的策略意義重大。陳曉紅（2008）、梅強（2009）將企業的外部環境細分為可測量的維度。

第一節　國際市場環境分析概述

　　開展國際市場環境分析的目的一方面是為了宏觀掌控企業發展方向，另一方面也是為了企業在進行業務擴展、跨國發展等活動時獲得更好的經濟效益和社會效益。只有深入細緻地對企業所在或所要進入的市場的環境進行分析，尤其是國際市場環境，才能瞭解國際市場的優勢和劣勢，把握好機會和威脅，準確認清消費者的具體需求，以達到滿足社會需求和創造較好經濟效益的目標，否則不進則退，可能會使企業陷入困境甚至被兼併或被淘汰。很多企業的實踐案例都證明了國際市場環境分析是企業進行國際市場活動、適應世界潮流變化的基本要求和立足點。

　　企業進行經營決策之前一定要進行市場調查，市場調查的主要內容是對企業的市場環境進行瞭解、分類、整理、採集資訊和研究分析，得出初步建議和結論以供企業考慮或採納作為決策依據。國際市場環境的分析正確與否，直接關係到企業的宏觀策略制定、發展方向、重大決策等，也直接關係到企業投資方向與規模、行銷策略、產品設計、廣告策略等。本文在進行國際市場環境分析時，著重分析了經濟、政治和社會文化環境。

第二節　國際經濟環境分析

　　在世界經濟全球化的背景下，世界各個國家都或多或少受到世界經濟的影響，全球經濟發生變化，各國自身經濟發展也日新月異，因此在進行國際市場環境分析的時候，國際經濟大環境及目的地國家的經濟情況也是不容忽視的重要方面。以中國為例，1978 年改革開放初期，中國經濟發展缺乏資金、技術等條件，但生產成本和勞動力成本相對較為低廉，中國借鑒東亞經濟發展模式，以市場為導向發展國際貿易，中國的出口優勢越來越明顯。2008 年中國 GDP 躍居世界第三，進出口總額位居世界第二；2010 年，中國 GDP 超越日本躍居世界第二，進出口總額位居世界第一。在這種背景下，中國企業走出去或者國外企業想進入中國，都要對快速發展的中國經濟進行詳細分析，這對企業今後的發展方向和規劃具有指導作用。

一、國際宏觀經濟環境分析

　　綜合來看，世界經濟目前正在從 2008 年以來的全球經濟危機的大衰退中緩慢復甦，缺乏恢復強勁增長的動力。不僅如此，近年以來還出現了若干可能給世界經濟復甦進程平添不確定性的因素。一是地緣政治危機和衝突。烏克蘭危機導致的俄烏、俄美、俄歐衝突，中東地區伊拉克IS、敘利亞、巴以、利比亞衝突升級，亞太地區東海、南海局勢緊張，這些危機和衝突都會給世界經濟帶來負面影響。二是美國貨幣政策正常化。美聯儲量寬退出已進入實質性階段，加息預期已對全球金融市場造成影響，使新興市場國家面臨更大壓力。三是西非埃博拉疫情蔓延。防疫限制措施已影響人員、貨物正常流動，使貿易、商務訪問、物流受阻，進而損害非洲地區經濟增長。

（一）經濟體制

經濟體制（Economicsystem）是指在一定區域內制定並執行經濟決策的各種機制的總和。通常指國家經濟組織的形式，它規定了國家與企業、企業與企業、企業與各經濟部門之間的關係，並透過一定的管理手段和方法來調控或影響社會經濟流動的範圍、內容和方式等。

1. 國際經濟體制發展

國際貨幣基金組織（IMF）在1997年5月發表的一份報告中指出："經濟全球化是指跨國商品與服務貿易及資本流動規模和形式的增加，以及技術的廣泛迅速傳播使世界各國經濟的相互依賴性增強。"而經濟合作與發展組織（OECD）認為"經濟全球化可以被看作是一種過程，在這個過程中，經濟、市場、技術與通信形式都越來越具有全球特徵，民族性和地方性在減少"。經濟全球化是當今世界經濟重要特徵之一，也是世界經濟的發展趨勢。經濟全球化極大地推進了國際間的經濟往來，為各個參與國的經濟發展和建設作出了很大貢獻。

近幾十年來，隨著經濟全球化和一體化發展進程的加快，國家之間、地區之間越來越相互依賴、相互依存和相互認同。國家之間、地區之間在經濟全球化與一體化的驅動下，經濟管理制度與運行機制日益趨同，共同利益面也日益擴大。國際貿易正日益擺脫基於"叢林法則"的非合作無序競爭，"求同存異"與"和而不同"的理念在國際間的交往中發揮的作用日益重要。以世界貿易組織（WTO）為代表的多邊貿易體制是當今國際經濟關係中的主流體制，其核心價值是市場經濟的一般規律與法則，是經過談判博弈形成的WTO成員國之間共同遵守的有約束力的協定與規則。在多邊貿易體制規則的約束下，國際各成員國之間透過提升自己的綜合實力而提高國際競爭優勢，因此成員國之間的利益相關面擴大，總體趨向於合作共贏。

2. 經濟體制對企業發展的影響經濟全球化使得世界各國的經濟聯繫加強、相互依賴程度增加、目標利益逐漸有更多的共同點。

而世界經濟體制，即各種多邊或區域組織對世界經濟進行協調組織所形成的固定的條文規定，為各個參與國的經濟發展和建設 能順利有效地進行作了很大貢獻。但對每個企業來說，經濟全球化和經濟體 制都是一柄雙刃劍，既是機遇，也是挑戰，尤其是對於規模較小或生產經營 涉及的科技水準遠低於世界平均水準的企業和發展中國家的一些經濟實力較 弱而對於廉價勞動力又加以依賴以至於難於改革發展至世界先進生產水準的 企業而言更是如此。因此對於這些企業來講，世界經濟體制使得它們所遇到 的風險、挑戰將更加嚴峻。

國際貨幣基金組織（IMF）總裁拉加德於 2015 年 1 月表示，當前世界經濟比 IMF 半年前預期疲弱，經濟和金融風險將危及全球經濟增長，使其處於長期低速增長的轉捩點。首先，未來經濟潛在增速不足的預期將導致企業和個人削減投資和消費，從而阻礙經濟進一步復甦。其次，發達經濟體貨幣政策正常化步調不一，並給其他經濟體利率、匯率波動造成溢出風險。此外，金融業風險、影子銀行和地緣政治風險也將給全球經濟帶來陰影。對於企業來講，在經濟全球化的大形勢下，建立公平合理的經濟秩序、營造公平的競爭環境、安全有秩序地進行國際間的交易往來、更為有效地規劃企業運轉方向和模式等，都是企業經營發展甚至存在的大前提。各種多邊或區域組織的存在與完善，強化了國際經濟協調機制，使得世界經濟有了更好的協調性和約束作用，對於企業內部團結穩定及外部國際化發展意義重大。但經濟全球化同時又是一把雙刃劍，享受它所帶來的發展機遇和優惠條件之外，還要接受更為開放的挑戰。

（二）經濟變革

經濟全球化經過調整後，以空前的速度和規模持續深入發展，全球經濟在發展進步的同時也產生了很多變化。全球資本與生產技術要素重新配置，包括勞動力和能源在內的生產資本也發生著變化，全球政治經濟格局發生重大變化。如在勞動力上，已開發國家利用發展中國家的廉價勞動力；在能源資 源上，日本、歐盟等在進行國內能源儲備工作的同時積極拓展新通路、尋求 能源合作專案等。2004 年以後，國際經濟形勢發生了很大的變化，對能源等 策略資源的爭奪成為影響國際經濟關係的一個重要的不確定因素，包括 2007 年底全球經濟過熱在內的主要變化有以下幾點：

①世界經濟迅速增長，美國、歐元區國家、日本等已開發國家經濟發展使 世界經濟得以繼續維持較高增速，發展中國家經濟呈相互帶動、梯次發

態勢。主要西方國家面臨工業化以來最強烈的外部競爭；歐亞大陸成為世界經濟的主舞臺，占世界人口 80% 的廣大發展中國家經濟進入較快增長期，如中國、印度等，在國際貿易、國際投資和國際分工體系中的地位得到加強，對世界經濟影響力進一步增大，改變了世界經濟的增長格局。

　　②全球掀起了"金融熱"，金融業呈爆發式的增長，巨額國際資本的無序流動不僅給發展中國家的經濟造成很大損害，也讓已開發國家產業的平衡發展受到了很大影響。"經濟金融化"現象在一定程度上促進了全球資源的有效配置，同時也增加了全球經濟的不穩定性、投機性和風險性。

　　③國際資本市場和勞動力市場流動性增強，包括勞動力在內的生產要素在流動中形成全球市場。從總體看生產要素在全球範圍的流動中實現了"最佳配置"，從國別看收益分配和社會成本分佈嚴重失衡，窮、富國的差距擴大，已開發國家主導當前的國際貿易、投資、金融和國際分工體系。由於國際能源、資源價格上漲，對能源等策略資源的爭奪成為影響國際經濟關係的一個重要的不確定因素。一大批能源相關企業迅速發展壯大，一些以能源為原材料的產業也在投入人力、物力進行改進和改善。在經濟全球化背景下，已開發國家與發展中國家相互利用。一大批發展中國家逐漸走進經濟次大國行列，維護世界政治體系的穩定及貿易自由化的需求增強。"G8（八國集團）+5"成為促進南北對話的重要高端平臺。G20（20 國集團）涵蓋當前世界上最主要的已開發國家和發展中國家，具有較強的"南北"代表性，近年來在協調發展中國家和已開發國家在應對金融危機以及促進世界經濟、金融穩定發展等的立場方面發揮了積極作用。

（三）經濟發展水準

　　在經濟全球化的背景下，國際貿易、跨國投資越發活躍，一些新興發展中國家與傳統大國結成經濟聯盟，東亞、拉美、非洲等地區以發展中國家為主體的國家之間區域合作勢頭加強，成為聯繫不同地區之間合作的重要紐帶。各國均試圖透過強強聯合、強弱互補的模式加快區域經濟發展，謀求在新的世界經濟格局中佔據優勢地位。國際經濟關係逐漸由國家之間的較量和競爭轉向區域經濟集團之間的競爭。經合組織（OECD）認為，2014 年至今的世界經濟增長仍維持較低水準並且地區分佈很不平衡。貿易增長因此陷入停滯，各主要發達經濟體勞動力市場增長緩慢。長期未能產生有力的內生增長表明實施改革的必要性和緊迫性。目前，世界主要發達經濟體中，美國和英國的經濟復甦勢頭較好，日本經濟緩步增長，歐元區狀況較差。

1. 美國經濟復甦明顯

2013 年年底，美國的庫存積壓程度超過預期，進行了規模更大、程度更深的策略調整。2014 年第一季度 GDP 環比折年率下跌 2.9%，創近五年新低；第二季度由於商業投資的大幅增長，GDP 增速創十個季度以來新高，環比增長 4.6%。經合組織（OECD）在 2014 年 5 月的經濟展望中表示，在企業擁有充足的現金流和改善的需求前景的情況下，美國的商業投資將顯著增加。資產定價使得家庭資產處於一個利潤較為可觀的狀態，這和勞動力市場的穩步發展一起推動私人消費和住宅投資的增長。財政政策緊縮，貨幣政策也較為適宜，美聯儲開始暫時減緩其資產購買的步伐。

2. 歐洲經濟脆弱復甦

歐元區經濟增長開始失去動力，經合組織（OECD）公佈的歐元區領先指標已連續下滑三個月。國際貨幣基金組織（IMF）表示歐洲內各經濟體的增長情況並不樂觀，IMF 下調了歐元區最大的三個經濟體——德國、法國和意大利的經濟增長預期，並預計義大利經濟將出現連續衰退。德國經濟增長降溫，製造業、通脹資料不斷疲軟，2013 年 8 月工業產出創 2009 年以來最大跌幅。歐洲央行認為受益於相機抉擇的貨幣政策、優惠的融資條件和結構性改革等因素，私人消費和投資會繼續增長，支撐歐元區經濟的溫和增長。路透社在 2014 年 12 月進行的一次調查顯示，通貨緊縮下行螺旋的風險將迫使央行在 2015 年年初時候啟動對主權債務的採購行動。

Markit 綜合採購經理人指數的次級指數顯示，歐元區企業在過去 2012 年至 2014 年近三年中一直在降低價格，但是持續的打折對在區域經濟中有主導型地位的服務業也僅有極小的幫助。調查也顯示，行業的活躍程度部分是受到企業所累積的舊訂單的支援，調查中的累計訂單次級遠低於初值。

二、國際微觀經濟環境分析

一大批發展中國家的市場經濟體系發展日趨成熟，東亞、拉美、獨聯體國家的經濟得到全面提速，非洲、中東地區國家經濟已起飛，這些國家的國內資本市場迅速發展，依託於國內生產材料、資金流及廉價勞動力便利等優勢，一些產業對外資的依賴程度明顯下降。發展中國家對自身能源、資源的保護和利用意識加強，一些以能源或資源為導向出口的發展中國家逐步發展自己區域的多元化產業貿易。除此之外，亞洲內部發展中國家之間和亞洲對非洲的一些發展中國家之間的相互投資迅速開展。目前，世界外匯儲備大部分掌握在發展中國家手中，這些國家的一些動向，如將部分外匯儲備以“主權財富基金”的形式投資已開發國家的證券市場和跨國並購等，會對國際資本市場 及企業的發展產生很大影響。

（一）稅收政策

中國對外貿易在提高開放經濟水準的情況下，得到了又快又好的發展，機電產品及高新技術產品保持快速穩定增長，一般貿易增長加快，初級產品進口增加，意味著中國的外貿結構已有所改善。2008 年中國對外貿易進行了結構的改善和發展方式的轉變，透過加征出口關稅、降低出口退稅等手段，加大對出口產品的調整力度、降低進口關稅稅率、取消自動進口許可管理等方式鼓勵進口。這對於世界各國有意進入中國市場，尤其是出口至中國的企業來講，是個絕佳的時機。當然，中國進出口關稅及相關政策也會根據國際和中國進出口貿易時機情況進行即時調整和更改，但大的政策變動週期還是比較長的。此外，一個國家的稅收政策和國際匯率的變動也會對企業國際貿易發展產生很大甚至決定性影響。

（二）匯率變動

匯率是一個國家的貨幣可以被轉換成其他貨幣的價格。匯率變動（Fluctuations in exchange）是指匯率發生變化一國貨幣對外價值的上下波動，包括貨幣貶值（devaluation）和貨幣升值（revalution）。貨幣貶值是指一國貨幣對外價值的下降，或稱該國貨幣匯率下跌，匯率下跌的程度用貨幣貶值幅度來表示；貨幣升值是指一國貨幣對外價值的上升，或稱該國貨幣匯率上漲。引起匯率變動的因素很多，如貿易、通貨膨脹等。匯率變動對企業的國際活動有很大的影響，包括國際上的進出口、物價水準、國際資本流動、外匯儲備、融資、投資、貸款、國外擴張和交易等。由於匯率能夠影響企業經營發展的成本及利潤的返回，所以當本幣對外幣相對堅挺時，本國企業經營國際化大量發生；當本幣對外幣相對疲軟時，外資企業進入本國市場的機會大大提高。

1. 匯率變動對進出口貿易的影響

匯率變動會引起進出口商品價格的變化，從而影響到一國的進出口貿易。一國貨幣的對外貶值有利於該國增加出口，抑制進口；一國貨幣對外升值，則有利於進口，不利於出口。如本幣所表現的外幣價格高漲，則外幣購買力提高，國外進口商就會增加對本國出口商品的需求，在出口商品數量不能相應增加的情況下，出口商品的國內價格必然上漲；反之，則引起對本國商品需求減少，出口商品價格下降。在經濟高漲期，因國內外總需求增加，進口增多，對外匯需求增加，外幣價格上漲，導致出口商品、進口商品在國內價格的提高，使整個物價水準高漲。

匯率變動對國內物價水準也有很大的影響，包括貿易品價格和非貿易品價格。如有些國家在食品、原料上主要依靠進口，其本幣匯率的變動會立即對相關消費品及原材料的國內價格發生影響，對進口依賴越重，影響就越大；匯率變動會對依靠進口原料加工的商品，或與進口商品相類似的國內商品的價格發生影響；匯率的變動會影響國家出口商品在國內的價格發生變化。匯率波動幅度較大且頻繁，會增加對外貿易的風險。如果本幣表現的外幣價格上漲，而本國物價變動不大，則可加大出口規模。這時，本國出口商品有可能降價銷售，以提高競爭能力。國際企業應把握機遇或規避風險來應對匯率變動對企業經營的影響。

2. 匯率變動對國際資本流動的影響

匯率變動影響一國資本的流動，主要表現為兩個方面：一是本幣對外貶值後，單位外幣能折合更多的本幣，這樣就會促使外國資本流入增加，國內資本流出減少；二是如果出現本幣對外價值將貶未貶、外匯匯價將升未升的情況，世界各國政府會透過影響人們對匯率的預期，進而減少因匯率變動而產生的大的波動或損失。

當本幣所表現的外幣價格上漲時，則意味著本幣價值下降，一些國際企業為了防止貨幣貶值造成的損失，常常進行對外投資和擴展，特別是儲蓄在本國銀行的國際短期資本或其他投資也會調往他國，這樣就導致該國國內投資規模縮減。對於國外的其他企業來講，某國的匯率大幅度變動，為了利益最大化，也會影響其進行國際投資的調整。

3. 匯率變動對一國國內就業、國民收入及資源配置的影響

當一國本幣匯率下降、外匯匯率上升時，有利於促進該國出口增加而抑制進口，這就使得其出口工業和進口替代工業大力發展，從而使整個國民經濟發展速度加快，國內就業機會因此增加，國民收入也隨之增加。反之，如果一國貨幣匯率上升，該國出口受阻；進口因匯率刺激而大量增加，造成該國出口工業和進口替代業萎縮，則資源就會從出口工業和進口替代業部門轉移到其他部門。例如對於旅遊業，當本國匯率下降、外匯匯率上升、國內物價水準未變時，外國貨幣購買力則相對加強，對外國旅遊者來說，對其有一定的招徠作用，這對於促進國內的食宿、交通、購物等旅遊相關行業的發展有很大作用。俄羅斯在盧布經歷了暴跌之後的 2014 年（盧布兌美元匯率累計

下跌約 40%）和 2015 年年初，對於一些國家來講，去俄羅斯旅行的性價比仍然很高。美元兌歐元的持續走強，對於美國遊客來說是個好兆頭，若能提前預訂出遊會節省一筆開銷。

4. 匯率變動對世界經濟的影響

小國的匯率變動只對其交易夥伴國的經濟產生輕微的影響，已開發國家的自由兌換貨幣匯率的變動對國際經濟則產生比較大的影響，主要有兩個方面：第一，加劇已開發國家與發展中國家的矛盾，如使初級產品生產國家的外匯收入遭受損失，債務加重；第二，加劇已開發國家之間的矛盾和爭奪銷售市場的鬥爭，促進區域經濟集團的建立與加強。

如 20 世紀 80 年代以前，美元匯率急劇下跌，日元與聯邦德國馬克的匯率日益上升，資本主義世界貨幣十分動盪。美國政府對美元匯率日趨下降的現象放任不管，其目的就在於擴大本國的出口，迫使日本及西歐等工業發達國家採取刺激本國經濟發展的措施，以擴大從美國進口。美元匯率的一再下降，使西歐共同體國家經濟增長緩慢、失業現象嚴重。這就成了當時歐洲共同體 9 國建立 "歐洲貨幣體系" 的一個直接原因，以明確西歐共同體成員國之間匯率波動界限。

（三）通貨膨脹率

通貨膨脹（Inflation）指因貨幣供給大於貨幣實際需求，也即現實購買力大於產出供給，導致貨幣貶值，而引起的一段時間內物價持續而普遍地上漲現象。通貨膨脹率（Inflation Rate）是指貨幣超發部分與實際需要的貨幣量之比，用以反映通貨膨脹、貨幣貶值的程度，也可以說通貨膨脹率反映了貨幣購買力的下降速度。由於消費品價格是反映商品經過流通各環節形成的最終價格，它最全面地反映了商品流通對貨幣的需要量，因此在實際中，世界各國一般是透過價格指數的增長率來間接表示通貨膨脹率的。中國稱居民消費價格指數，即 CPI 來反映通貨膨脹的程度。經濟學上表示年度通貨膨脹率的計算公式為（P1-P0）／ P0，其中，P1 為現今物價平均水準，P0 為去年的物價水準。

在經濟學上，通貨膨脹指整體物價水準持續性上升。一般性通貨膨脹為貨幣貶值或購買力下降，而貨幣貶值為兩經濟體間之幣值相對性降低。通貨膨脹率通常是指一個國家或地區內的貨幣膨脹或貶值程度，通常伴隨著發展中國家，對本地區內的企業和人民生活有直接且較大的影響。如通貨膨脹會導致居民的實際收入水準下降，具體表現為：低收入者福利受損，高收入者可以獲益，以工資和租金、利息為主要收入的人群在通貨膨脹中會受到較大利益損害，而以利潤為主要收入的人群可能會獲益。

第三節　國際政治環境分析

政治環境是各種不同因素的綜合反映，諸如國內危機、針對商業的恐怖主義行動，以及國家之間在特殊地區的衝突，這些問題可能偶爾發生，也可能經常發生。政治環境是政治體系存在和從事政治活動、進行政治決策的背景條件的總和。冷戰結束後，世界大國割據基本處於"一超多強"的局面。美國的綜合實力遙遙領先，是唯一的超級大國；歐盟、日本、俄羅斯和中國實力強勁或是發展速度快，在國際上佔有重要的地位。為了全球各國發展的穩定性與安全性，一些國際政治問題也提上了重要日程。

一、國際政治環境概述

蘇聯解體、華約解散代表著冷戰的結束，冷戰結束後世界各國亟待經濟發展，如雨後春筍般出現了國際間的業務合作往來。在經濟全球化的背景下，已開發國家與發展中國家相互利用，一大批發展中國家逐漸走進經濟次大國行列，因此為了良性的生存與發展，維護世界政治體系的穩定及貿易自由化的需求增強。

國家政治環境直接影響著企業的經營狀況，包括企業經營活動的各方面，都或多或少受到國家政治環境的限制。對於企業來說，很難預測國家政治環境的變化趨勢，政治環境因素一旦影響到企業，就會使企業發生十分迅速和明顯的變化，而這一變化企業是駕馭不了的。所以對於經營國際業務的企業或是在國內區域內經營的企業，政治環境是很大的宏觀影響因素，應受到重視。

二、政治法律環境

政治法律環境是指一個國家或地區的政治制度、體制、方針政策、法律法規等方面。這些因素常常制約、影響企業的經營行為，尤其是影響企業較長期的投資行為。

　　自 20 世紀 80 年代中期以來，在經濟全球化快速發展和各國進行更為廣泛的市場經濟改革的大背景下，出於對自己國家或民族經濟發展的保護，為與世界經濟發展更好地適應，一些之前對外資採取限制和管制政策的發展中國家，逐漸開始對本國外資法作出重大修改或重新頒佈新法，包括一些發展中國家對外國投資審批制度的設定、對投資範圍和出資比例的限制、對經營管理權和雇用職工的限制、對外國投資期限的限制、對當地物資的利用等。而已開發國家相對於發展中國家的政策，相對更加 "平和" 一些，對流入本國 的外國投資一般實行 "國民待遇"，當然對這些外資企業也沒有特別優惠的政 策，如日本對外資企業有一些管理、監督、限制和謹慎利用的規定，禁止或 限制外商投資經營涉及日本國家安全或影響日本經濟命脈的專案或企業。這 些政策或法律都會對企業進入此國家或地區產生或大或小的影響，有些甚至 是致命性的。因此對國家政治法律環境的闡述是國際市場調查分析的一個很

（一）國家安全

　　劉躍進主編的《國家安全學》一書中把 "國家安全" 概念的表述為國家的基本利益，是一個國家處於沒有危險的客觀狀態，也就是國家沒有外部的威脅和侵害也沒有內部的混亂和疾患的客觀狀態。當代國家安全包括 10 個方面的基本內容：國民安全、領土安全、主權安全、政治安全、軍事安全、經濟安全、文化安全、科技安全、生態安全、資訊安全，其中最基本、也是最核心的是國民安全。

（二）勞工法案

　　最早的勞工法案是法國拿破崙時代的勞工法典，於西元 1806 年開始擬訂，經過了將近 10 年才最終完成。在此之前也有一些勞動相關法存在，但都是由各個機構或工廠內部訂立的，適用於自己內部小範圍內，且相關用工的立法種類多、範圍廣、不規範，經過不定時的反覆修改，條例也都不一致了，因此工人們也難理解用工法案，更別說遵守或利用它維護自身權益了。在此情形之下，修訂一部完整規範的勞工法案十分必要，以使得更多的勞工及有關人士能理解、接受和遵守，達到提高勞工待遇、保護勞工利益、增進勞動生產力、改善勞工生活、提升工作生活品質的目的。

　　近年來，伴隨著中國等發展中國家經濟的高速崛起，西方國家傳統的制

造業面臨著巨大的衝擊。在此背景下，這些國家一方面利用貿易壁壘等手段保護國內產業，另一方面則透過對勞工法案、福利制度等方面的調整，來壓縮成本、提高競爭力。各個國家的勞工法案各有不同，當一個企業進行國外發展時，用工不僅要考慮企業利益還要多考慮當地的勞工法案相關規定，合理合法用工。如 1996 年韓國政府注意到，人數龐大、待遇特優的國企、私企及一些半官方機構，構成了韓國進一步提高經濟競爭力的主要障礙，因此韓國透過了新的勞工法案：允許企業在比過去簡單得多的條件下解雇員工。

三、全球化時代世界政治、經濟趨勢

世界政治和經濟是相互影響、相互作用的，因此隨著世界經濟的發展、經濟全球化的進程，世界政治及各國的相關政治政策也隨之發生了改變。進入 21 世紀，世界各國政治經濟在經過了幾個較大的波動之後漸趨平穩，一些發展中國家佔據越來越重要的地位。全球化時代世界政治經濟趨勢的發展主要有以下三點：

（一）世界各國經濟上相互依存將日益加深

高科技要求各國聯合攻關，跨國經營將打破國內與國際業務之間的界限。全球文化在流動中相互交融，民族國家的作用將逐步削弱。生態環境問題不同於政治經濟問題，不分東西和南北，世界各國需要共同著手解決全球性生態問題。

（二）探索適應新時代的經濟、政治體制

自 20 世紀 90 年代末以來，國際社會出現了對傳統自由市場經濟的重新定義和對資本主義體制懷疑的思潮。隨著世界經濟全球化迅猛發展，美歐實行的自由放任的資本主義經濟造成社會貧富分化現象日益嚴重，社會不滿情緒上升，勞資關係緊張，犯罪增多，公眾要求政府重新分配社會財富，西方國家領導人為了解決這一系列社會問題提出了"第三條道路"。

（三）國際政治、經濟新秩序將以漸進的方式逐步形成

建立國際政治、經濟新秩序是一個長期過程，隨著全球化的深入發展，正從雙邊到多邊、從地區到全球，在政治、經濟、文化、安全、貿易、金融、科技等各領域綜合推進，目標是建立一個適應全球化時代的國際政治、經濟新秩序。

第四節　國際社會文化環境分析

社會文化環境是指社會結構、風俗習慣、信仰、價值觀、行為規範、生活方式、文化傳統、人口規模與地理分佈等因素。社會文化環境是在長期曆史發展過程中形成的，它影響和制約著人們的消費觀念、需求欲望及特點、購買行為和生活方式，對企業行銷行為產生直接影響，因此社會文化環境是影響企業行銷諸多變數中最複雜、最深刻、最重要的因素。

一、民族文化

民族文化是各民族在其歷史發展過程中創造和發展起來的具有本民族特點的文化，包括物質文化和精神文化。民族文化反映一個民族歷史發展的水平，也是該民族賴以生存和發展的文化根基所在。飲食、衣著、住宅、生產工具屬於物質文化的內容，語言、文字、文學、科學、藝術、哲學、宗教、風俗、節日和傳統等屬於精神文化的內容。國際市場分析不能忽略民族文化這一大背景，它直接決定一個企業的產品適不適合進入、是否要重新包裝或改造之後再進入，也影響著企業在當地的發展潛力。

（一）傳統習俗

傳統習俗在社會生活中逐漸形成，歷史沿襲而鞏固下來，具有穩定的社會風俗和行為習俗，並且已同民族情緒和社會心理密切結合，成為人們自覺或不自覺的行為準則。傳統習俗的內容是複雜的，大體上分兩部分：一是歷史遺留下來的，具有社會性、集團性、民族性和地域性等特點。二是適應現實

社會需要而產生的，如耶誕節、情人節等。傳統習俗的存在有其歷史性、合理性，同時也有兩重性，存在著新與舊、進步與落後、積極與消極的對立。在進行國際市場分析調查及市場行銷的時候不能忽略傳統習俗的影響，否則可能會功虧一簣。

比如可口可樂、百事可樂在中國的本土化策略就考慮了中國的一些傳統習俗。可口可樂透過與一些國際著名企業及中國本土聲譽較高的企業合作進入中國。2000 年可口可樂將中國區總部從香港遷至上海，為近距離感受中國本土氣息創造了條件。2002 年任命三位本土人士擔任副總經理。在進行宣傳的時候利用中國人最重視的節日——農曆新年，請中國時下當紅年輕明星做代言，產品由 "阿福" 及十二生肖包裝，宣傳活力新生。新年期間的廣告以紅色、喜慶、闔家團圓的過年氛圍為主，贏得了消費者的青睞。

（二）生活習慣

企業的最終目標是消費者，所以在企業進行國際市場調研時要充分考慮當地的生活習慣，生活習慣不僅對市場的分析有很大的影響，而且對企業以後打開市場和市場行銷也有重要影響。

為了在全球化環境中卓有成效地工作，跨國企業的領導人必須提高對異族、異地文化的敏感性和包容精神，要學會尊重文化差異，百家爭鳴、各抒己見。同時要充分利用當地人的生活習慣進行企業的經營活動策略規劃。企業應對目標市場國進行市場調研，沒有充分、完整和準確的市場訊息，跨國經營的決策便無從談起，即使決策也是盲目的，可能會給企業帶來巨大的損失。在進行跨國文化調研時，要全面考慮到目標市場的民族、宗教、地理位置、教育背景等。要按照目標市場國的文化特點進行產品的設計，適應其文化個性。如非洲人喜歡醒目的顏色，因而包裝可以選擇國旗的顏色。泰國的咖喱相關產品進入中國前已經對咖喱味道進行了改進，增加多個不同口味，以適應中國人的飲食習慣。

二、企業文化

企業文化，或稱組織文化（Corporate Culture 或 Organizational Culture），是一個企業或組織的價值觀、信念、儀式、符號、處事方式等。企業文化是企業為解決生存和發展的問題而樹立的，被組織成員認為有效而共用。企業文化集中體現了一個企業經營管理的核心主張，以及由此產生的組織行為。

　　在國際市場分析中，應該將國際市場的社會文化與企業文化相聯繫，把企業文化與目標市場的社會文化相匹配。

　　企業文化對於企業的發展方向、模式、用人標準、習慣等都有很大的影響，每個企業都應該有其固定的成體系的企業文化。但企業文化通常也不是放之 四海而皆准的，比如國際化以後的企業文化是否需要由“內向型”轉為“外 向型”、是否需要延續母公司所強調的企業文化特色等就值得探討。海爾在進軍美國市場的時候，不僅在產品上進行了改造以適應當地人的生活習慣，還 很注重中外企業文化的融合，如對招進的美國員工進行海爾文化培訓。這種 品牌策略、人本建設等既契合了當地人的觀念，同時也是海爾企業文化的一 大特點。

────────────────────────────────── ＞＞＞

國際案例

星巴克，打出文化牌

　　星巴克（Starbucke Coffee）的起源是 1971 年西雅圖的一間小咖啡屋，1992 年在美國上市，在短短的 40 多年時間發展成國際最著名的咖啡連鎖店品牌。星巴克於1996年正式跨入國際市場 在東京銀座開了第一家的海外咖啡店，不到 10 年的時間，便打入了世界 32 個市場，現在更是以每天增加四五家星巴克的驚人速度在成長。星巴克成為世界知名的咖啡品牌並不是銷售一杯香甜的咖啡這樣簡單，更多的是銷售一種咖啡體驗。正是獨特的文化定位使星巴克從平凡的咖啡店中脫穎而出。

　　1998 年，星巴克品牌進入中國大陸；1999 年 1 月 11 日，星巴克在中國北京國際貿易中心開設了中國大陸第一家星巴克咖啡店，至今星巴克已在中國 28 個城市開設 1000 多家分店，中國已成為星巴克最大的海外市場。星巴克贏得了中國消費者的廣泛喜愛，對於中國人來說，星巴克標誌的意義遠超咖啡品質。在星巴克營造的“第三空間”裡愜意地看書、讀報、上網、會友、聊天的同時，人們為星巴克的文化元素所傾倒。在中國，在幾十平方米的星巴克咖啡店裡，常常可以看到衣著光鮮的白領們手捧咖啡杯，或聊天，或攤開資料、打開手提電腦討論工作。星巴克將中國的目標群體定位在具有一定消費能力的“小資”、“白領”人群和商務人士上，星巴克在中國的成功也有賴於文化情調和舒適的環境氛圍。

　　在對於中國地區的目標人群的定位及對其需求研究的基礎上，星巴克的定價、產品包裝、店面佈置、員工管理等都適應了中國區域消費者的需求。星巴克創始人舒爾茨說："我們不是提供服務的咖啡公司，而是提供咖啡的服務公司。"在微博及一些公共媒體中也有調侃"星巴克是一家以咖啡店為主題的照相館"，可以看出它所展示出來的文化氛圍受到大家喜愛的程度。星巴克的成功就在於它將普普通通的咖啡經營成非常獨特的體驗，並以此為賣點。星巴克文化為一種引發消費者心靈共鳴、激蕩的商業文化，它經過精心設計，透過活生生的形式、整合了若干物質元素去與消費者對接、互動。作為一家咖啡店，星巴克致力咖啡體驗文化挖掘的同時，還瞄準文化演變的前沿，將時尚、洋氣的文化概念帶入"第三空間"，讓喝咖啡變成一種體驗時尚的過程，迎合了當代白領消費的變化趨勢。

除此之外，星巴克在中國經常做社會公益活動，如大力支持中國的教育事業，在消費者心中樹立了良好的品牌形象。作為對社會長期承諾的一部分，以及體現重視教育的程度，星巴克公司於 2005 年出資 500 萬美元在亞洲基金會在美國建立的非營利組織"贈予亞洲"下設立"星巴克中國教育專案"，致力於支援中國教育事業。"星巴克中國教育專案"向中國宋慶齡基金會的首期撥款已為中國農村偏遠地區學校的 2000 名教師的培訓提供了支援，為 600 名教育院校的學生提供獎學金，並建立和改善了 75 所偏遠地區學校的圖書館。與中國婦女發展基金會合作，向 8000 名中國婦女提供培訓，為超過 40000 名農村婦女傳授了有關淨化水的知識。

第七章
國際目標市場細分

文獻綜述

文獻綜述

　　1956　年美國行銷學家史密斯·溫德爾（Smith.Wendell）首次提出市場細分理論，指出市場細分就是根據消費者購買行為的差異，把整個市場分為若干個具有類似需求的消費群體，成為子市場或者亞市場。自此以後半個多世紀，市場細分成為了西方行銷學界的研究熱點。美國學者拉賽爾·哈雷（Russell. Haley）（1968）在史密斯·溫德爾的研究基礎上提出"利益細分"理論，區別於傳統觀點，透過客戶表像的行為、態度和動機來挖掘背後的真正利益。彼得迪克森（Peter R. Dickson）認為人與消費情景關係的作用特徵是最高層細分標準。夏維力、王青松（2006.8）提出了客戶價值預測模型。南京大學史有春教授等（2010）以私家車作為實證分析的物件，得出描述變數與行為變數之間的關係。關於細分市場的研究變數，有的劃分為地理、人文、心理和行為四類。

　　目前，關於細分市場的研究主要有兩種觀點：一種是以消費者為導向進行國際市場細分，一種是以產品為導向的國際市場細分。以消費者為導向進行國際目標市場細分主要為理論界所支援，是以目標市場消費者的總體特徵為研究物件，研究消費者需求、行為特徵、個體心理和所處的目標市場的社會文化等。以產品為導向進行國際目標市場細分多為行銷決策者採用，根據產品定位、定價、品牌特徵等對國際目標市場中的人群進行細分，從中選擇產品的潛在消費者。隨著世界經濟的發展，賣方市場的逐漸變大和加強使得製造商和生產者之間的競爭日益激烈，企業經營最終目的不變，但經營目標已由提高銷售量、擴大市場份額轉為培養忠誠客戶。

第一節　國際目標市場細分概述

　　國際市場細分在企業進行國際化或是進入一個新領域的時候越發受到重視。國際目標市場細分是在國際市場粗略細分的基礎之上，對細分後的目標市場進行進一步的細分或組合，這對於企業最終國際市場的選擇、進入與今行銷有很大影響。 國際目標市場就是企業決定進入的那部分市場，即企業所選擇的準備以相應的產品和服務滿足其需要的那部分購買者群體。

市場細分（market segmentation）是企業根據消費者需求的不同，把整個市場劃分成不同的消費 者群的過程。進行市場細分的主要依據是異質市場中需求一致的顧客群，實 質就是在異質市場中求同質。市場細分的目標是為了聚合，即在需求不同的 市場中把需求相同的消費者聚合到一起。

第二節　國際目標市場細分

國際目標市場細分是企業選擇國際目標市場的重要前提和基礎。企業在國際市場細分後，先在眾多的國家中確定某個國家或地區作為大的目標市場，然後把這個目標市場國家進一步地依據地理、人口、行為、心理等因素進行微觀細分，並從眾多的子市場中選擇一個或幾個作為具體的目標市場，並且確保每個目標市場都具有未被滿足的消費者需求，每個目標市場都夠大以便獲得銷售額的提高，為企業帶來更多的利潤。

一、進行國際目標市場細分的原因

市場細分和目標市場選擇是企業活動的第一步，沒有合理的市場細分和正確的目標市場選擇，所有的行銷活動將因不能針對目標顧客需求、不能聚焦優勢資源或不能擺脫紅海競爭而顯得蒼白無力。

（一）在選擇目標市場的基礎上進一步制定市場行銷策略

市場細分後的子市場比較具體，比較容易瞭解消費者的需求，企業可以根據自己的經營思想、方針及生產技術和行銷力量，確定自己的服務物件，即目標市場。在國際市場細分形成目標市場的基礎上，將目標市場進一步細分，以便制定特殊的行銷策略和制定相應的對策，使得企業更加平穩地進入國際市場，適應市場需求的變化，提高企業的應變能力和競爭力。

（二）有利於發掘市場機會、開拓新市場

透過市場細分，企業可以對每一個細分市場的購買潛力、滿足程度、競爭情況等進行分析對比，探索出有利於本企業的市場機會，使企業及時作出投產、移地銷售決策或根據本企業的生產技術條件編制新產品開拓計畫，進行必要的產品技術儲備，掌握產品更新換代的主動權，開拓新市場，以更好地適應市場的需要。

（三）有利於集中人力、物力投入目標市場

任何一個企業的資源、人力、物力、資金都是有限的。透過細分市場，選擇了適合自己的目標市場，企業可以集中人、財、物及資源，去爭取局部市場上的優勢，然後再佔領自己的目標市場。

（四）有利於企業提高經濟效益

前面三個方面的作用都能使企業提高經濟效益。除此之外，企業透過市場細分後可以面對自己的目標市場，生產出適銷對路的產品，既能滿足市場需要，又可增加企業的收入；產品適銷對路可以加速商品流轉，加大生產批量，降低企業的生產銷售成本，提高生產工人的勞動熟練程度，提高產品品質，全面提高企業的經濟效益。

二、國際目標市場細分基礎

對國際目標市場進行細分有一定的規律和原則可循，考慮到影響因素的多樣性，主要對國際目標市場細分的基礎進行介紹和歸納。

（一）顧客需求的差異性

顧客需求的差異性是指不同的顧客之間的需求是不一樣的。在市場上，消費者總是希望根據自己的獨特需求去購買產品，我們根據消費者需求的差異性可以把市場分為"同質性需求"和"異質性需求"兩大類。

同質性需求是指由於消費者的需求的差異性很小，甚至可以忽略不計，因此沒有必要進行市場細分。而異質性需求是指由於消費者所處的地理位置、社會環境不同和自身的心理和購買動機不同，造成他們對產品的價格、品質款式上需求的差異性。這種需求的差異性就是我們市場細分的基礎。

（二）顧客需求的相似性

在同一地理條件、社會環境和文化背景下的人們形成有相對類似的人生觀、價值觀的亞文化群，他們的需求特點和消費習慣大致相同。正是因為消費需求在某些方面的相對同質，市場上絕對差異的消費者才能按一定標準聚合成不同的群體。所以消費者的需求的絕對差異造成了市場細分的必要性，消費需求的相對同質性則使市場細分有了實現的可能性。

（三）企業有限的資源

現代企業由於受到自身實力的限制，不可能向市場提供能夠滿足一切需求的產品和服務。為了有效地進行競爭，企業必須進行市場細分，選擇最有利可圖的目標細分市場，集中企業的資源，制定有效的競爭策略，以取得和增加競爭優勢。

三、國際目標市場細分原則條件

企業進行市場細分的目的是透過對顧客需求差異予以定位，來取得較大的經濟效益。眾所周知，產品的差異化必然導致生產成本和推銷費用的相應增長，所以，企業必須在市場細分所得收益與市場細分所增成本之間做一權衡。由此，我們得出有效的細分市場必須具備的原則條件：

（一）可衡量性

可衡量性指各個細分市場的購買力和規模能被衡量的程度。如果某些細分變數或購買者的需求和特點很難衡量，細分市場後無法界定，難以描述，那麼市場細分就失去了意義。一般來說，一些帶有客觀性的變數，如年齡、性別、收入、地理位置、民族等，都易於確定，並且有關的資訊和統計資料也比較容易獲得；而一些帶有主觀性的變數，如心理和性格方面的變數，就比較難以確定。

（二）可盈利性或市場開發的效益性

可盈利性是指細分市場的容量或規模要大到能夠使企業足夠獲利的程度，使企業值得為它設計一套行銷規劃方案，以便順利地實現其行銷目標，並且有可拓展的潛力，以保證按計劃能獲得理想的經濟效益和社會服務效益。如一個普通大學的餐館，如果專門開設一個西餐館滿足少數師生酷愛西餐的要求，可能由於這個細分市場太小而得不償失；但如果開設一個回族飯菜供應部，雖然其市場仍然很窄，但從細微處體現了民族政策，有較大的社會效益，值得去做。

（三）可進入性或進入市場的可行性

可進入性是指企業能夠進入所選定的市場部分，能進行有效的促銷和分銷，實際上就是考慮行銷活動的可行性，即企業有優勢佔領這一市場。可進入性具體表現為資訊進入、產品進入和競爭進入。考慮市場的可進入性，實際上就是研究其行銷活動的可行性。主要包括兩點：一是企業能夠透過一定的廣告媒體把產品的資訊傳遞到該市場眾多的消費者中去；二是產品能透過一定的銷售通路抵達該市場。

（四）差異性或細分代表的動態性

指細分市場在觀念上能被區別並對不同的行銷組合因素和方案有不同的反應。

（五）相對穩定性

相對穩定性指細分後的市場有相對應的時間穩定。細分後的市場能否在一定時間內保持相對穩定，直接關係到企業生產行銷的穩定性。特別是大中型企業以及投資週期長、轉產慢的企業，如果細分後的市場在一定時間內不能保持相對穩定，更容易造成經營困難，嚴重影響企業的經營效益。

四、國際目標市場細分的內容

通常，企業是組合運用有關變數來細分市場，而不是單一採用某一變數。概括起來，細分消費者市場的變數主要有人口變數、地理變數、心理變數、行為變數這四大類。以這些變數為依據來細分市場就產生了人口細分、地理細分、心理細分和行為細分四種市場細分的基本形式。

（一）人口細分

人口細分是按人口特徵細分市場，包括以下因素：年齡、性別、家庭人口、職業、收入、教育程度、社會階層、宗教信仰或種族等，將市場細分為若干消費群體。例如，可以把服裝市場按照"性別"這個細分變數分為兩個市場：男裝市場和女裝市場。如果再按照"年齡"這個細分變數又可以分出七個細分市場：童裝市場，青年男、女裝市場，中年男、女裝市場，老年男、女裝市場。

1. 性別、年齡

由於生理上的差別，男性與女性在產品需求與偏好上有很大不同，例如在服飾、髮型、生活必需品等方面均有差別。同樣，不同年齡的消費者有不同的需求特點，例如青年人對服飾的需求與老年人的需求就有差異，青年人需要鮮豔、時髦的服裝，老年人則需要端莊素雅的服飾。

有不少商品，比如服裝、化妝品等，消費者性別不同、年齡不同，購買的特點也大為不同。例如不同年齡的女性對護膚品的選擇就有明顯差異，就市場而言，歐珀萊、可伶可俐、碧柔深受年輕女性的青睞；中年女性則認為大寶是適合自己的潔膚護膚品牌，選擇玫琳凱和雅芳的比例也高於青年女性。

2. 職業、教育和收入

消費者職業的不同、所受教育的不同也會導致所需產品的不同。例如，農民購買自行車偏好載重自行車，而學生、教師則喜歡輕型、樣式美觀的自行車。低收入和高收入消費者在產品選擇、休閒時間的安排、社會交際與交往等方面都會有所不同。收入多少、學歷高低也直接影響著購買者的購買特點。以香皂為例，一些調查資料顯示，以兩面論、南橋為代表的國產品牌的消費者學歷和收入偏低，麗仕等國際品牌的消費者收入和學歷則偏高一些。

（二）地理細分

地理細分是按地理特徵細分市場，包括以下因素：地形、氣候、交通、城鄉、行政區等。按地理變數細分市場即按照消費者所處的地理位置、自然環境來細分市場。例如，根據國家、地區、城市規模、氣候、人口密度、地形地貌等方面的差異將整體市場分為不同的小市場。各地區由於自然氣候、交通、通信條件和傳統文化、經濟發展水準等因素的影響，便形成了不同的消費習慣和偏好，這些地區的消費者對企業採取的行銷策略與措施會有不同的反應。

按地理細分市場就是把市場分為不同的地理區域，如國家、地區、省市、東部、西部、南方、北方、城市、農村、山區、平原、高原、湖區、沙漠等。不同區域的自然條件和資源不同，會直接影響當地居民的生活習慣、經濟水平以及產業發展類型和水準，當然對於進入的外資企業來說，也會影響其原材料的採購等。同時當地的自然條件也會影響交通運輸方式，如威尼斯城市內多以水運為主；俄羅斯冰雪地帶會利用特殊雪橇之類的雪地交通工具；中國西部和非洲一些沙漠地帶，除了火車之外，主要為大型的越野車或牲畜。這都是企業在進行國際市場細分的時候應該考慮的。甚至對於一些資源類的企業，如採礦等，主要就是考慮區域的資源情況和運輸情況。

（三）社會文化細分

每一社會都有和自己社會形態相適應的社會文化，並隨著社會物質生產的發展變化而不斷演變。作為觀念形態的社會文化，如哲學、宗教、藝術、政治思想和法律思想、倫理道德等，都是一定社會經濟和政治的反映，並又給社會的經濟、政治等各方面以巨大的影響。在階級社會裡，觀念形態的文化有著階級性。

社會文化細分是按社會文化特徵、以宗教和民族為主進行細分市場。宗教是一種特殊的社會文化形式，它會影響當地人的生活習慣，因此一些企業在進行國際目標市場細分的時候還要充分考慮目標市場的宗教信仰情況。此外，對於民族來說，各民族在政治、經濟、文化藝術、語言文字、風俗習慣、宗教信仰、心理素質等方面的特點，是在長期的歷史發展中形成的，並隨著社會的發展、自然環境和生活條件的改變而不斷變化，對於企業進行國際目標市場細分同樣具有很重要的參考價值。

（四）心理細分

在人口因素相同的消費者中間，對同一商品的愛好和態度可能截然不同，這主要是由於心理因素的影響。市場細分的心理因素十分複雜而廣泛，涉及消費者一系列的心理活動和心理特徵，主要包括消費者的個性、生活方式、社會階層、動機、價值取向、對商品或服務的感受或偏愛、對商品價格反應的靈敏程度以及對企業促銷活動的反應等。下面我們就其中的部分因素加以說明。

消費者在選擇品牌時，會在理性上考慮產品的實用功能，同時在感性上評估品牌表現出的個性，因而很多企業會賦予品牌以個性，以迎合消費者的個性特點。例如 20 世紀 50 年代末，福特汽車和雪佛萊汽車在促銷方面就強調其個性的差異。有不少人認為購買福特汽車的顧客有獨立性，易衝動，有男子漢氣概，好變革並有自信心；購買雪佛萊汽車的顧客往往保守、節儉，缺乏陽剛之氣，恪守中庸之道。

在市場上，消費者對不同品牌的喜愛程度是不同的，有的消費者有特殊偏好，有的消費者有中等程度的偏好，有的消費者沒有什麼偏好。因此，企業為了維持和擴大經營，就要瞭解消費者的各種偏好，掌握其需求特徵，以便從產品、服務等方面滿足他們的需要。

1. 社會階層

社會階層指在某一社會中具有相對同質性和持久性的群體。處於同一階層的成員具有類似的價值觀、興趣愛好和行為方式，而不同階層的成員所需的產品也各不相同。識別不同社會階層消費者所具有的不同特點，對於很多產品的市場細分將提供重要依據。美國著名行銷大師菲力浦科特勒（Philip Kotler）將美國社會劃分為七個階層：①上上層：繼承大財產、具有著名家庭背景的社會名流；②上下層：在職業或生意中具有超凡活力而獲得較高收入或財富的人；③中上層：對其“事業前途”極為關注，且獲得專門職業者、獨立企業家和企業經理等職業的人；④中間層：中等收入的白領和藍領工人；⑤勞動階層：中等收入的藍領工人和那些過著“勞動階層生活”的人；⑥下上層：工資低、生活水準剛好處於貧困線上、追求財富但無技能的人；⑦下下層：貧困潦倒、常常失業、長期靠公眾或慈善機構救濟的人。處於不同社會階層的人，對汽車、服裝、傢俱、娛樂、閱讀方面的需求都有較大的差異。

2. 生活方式

生活方式是指個人或集團在消費、工作和娛樂上表現出的特定的習慣。不同的生活方式往往產生不同的消費需求和購買行為，即使對同一種商品，也會在品質、外觀、款式、規格等方面產生不同的需求。例如有的追求新潮、時髦，有的追求恬靜、簡樸；有的追求刺激、冒險，有的追求穩定、安逸。西方的一些服裝生產企業為“簡樸的婦女”、“時髦的婦女”和“有男子氣概的婦女”分別設計不同的服裝；煙草企業針對“挑戰型吸煙者”、“隨和型吸煙者”及“謹慎型吸煙者”推出不同品牌的香煙，均是依據生活方式細分市場。現在，許多消費者購買商品不僅是為了滿足物質方面的需要，更重要的是為了表現他們的生活方式，滿足其心理需要，如顯示身份、地位和追求時髦等。因此 近年來西方國家的企業十分重視生活方式對企業市場經營的影響，特別是生產經營化妝品、服裝、傢俱、酒類產品的企業更是高度重視。還有一些企業，把追求某種生活方式的消費群當作自己的目標市場，專門為這些消費者生產產品。

瑞士帝豪手錶（Tag-Heuer）定位於高速運動中精確計時的手錶。因此這家手錶商的全球廣告口號是“壓力之下，毫不屈服”，並贊助了澳門汽車大獎賽、澳大利亞帆船大獎賽和香港賽馬。但並非所有亞洲國家的消費者都有這種精確與運動的生活方式。這家手錶商發現中國的企業家沒有其他亞洲人那麼愛好體育，感覺到它的國際廣告對中國人來說可能太體育化，並且太隱晦了，於是這家手錶商為中國製作了專門的廣告，淡化了體育感，表達更為直接。

3. 個性特徵

個性指一個人比較穩定的心理傾向與心理特徵，它會導致一個人對其所處環境作出相對一致和持久的反應。每個人都有影響其購買行為的獨特個性，並且特定個性同產品或品牌的選擇之間存在很強相關性。一般而言，個性會透過自信、自主、支配、順從、保守、適應等性格特徵表現出來。因此個性可以按這些性格特徵進行分類，從而為國際目標市場細分提供依據。在西方國家，對諸如化妝品、香煙、啤酒、保險之類的產品，一些企業以個性特徵為基礎進行市場細分並取得成功。

一個家庭，按年齡、婚姻和子女狀況，可分為單身、新婚、滿巢、空巢和孤獨五個階段。在不同階段，家庭購買力、家庭成員對商品的興趣與偏好也會有很大的差別。

（五）產品細分

對目標產品進行細分包括市場行銷客體細分化、市場提供物細分化、產品定位、生產技術定位。根據各個細分市場的獨特性和企業自身的目標，共有三種目標市場產品策略。

1. 無差異市場

指企業只推出一種產品，或只用一套市場行銷辦法來招徠顧客。當企業斷定各個細分市場之間很少有差異時可考慮採用這種大量市場行銷策略。

2. 密集性市場行銷

這是指企業將一切市場行銷努力集中於一個或少數幾個有利的細分市場。

3. 差異性市場行銷

指企業根據各個細分市場的特點，相應增加某些產品的花色、式樣和品種，或制定不同的行銷計畫和辦法，以充分適應不同消費者的不同需求，吸引各種不同的購買者，從而擴大各種產品的銷售量。

差異性市場行銷的優點是在產品設計或宣傳推銷上能有的放矢，分別滿足不同地區消費者的需求，可增加產品的總銷售量；同時可使企業在細分小市場上佔有優勢，從而提高企業的市場佔有率，在消費者心目中樹立良好的企業形象。缺點是會增加各種費用，如增加產品改良成本、製造成本、管理費用、儲存費用。

五、國際目標市場細分方法與程式

（一）國際目標市場細分方法

1. 單一變數法

所謂單一變數法，是指根據市場行銷調研結果，把影響消費者或用戶需求最主要的因素作為細分變數，從而達到市場細分的目的。這種細分法以企業的經營實踐、行業經驗和對客戶的瞭解為基礎，在宏觀變數或微觀變數間，找到一種能有效區分客戶並使企業的行銷組合產生有效對應的變數而進行的細分。

2. 主導因素排列法

主導因素排列法即用一個因素對市場進行細分，如按性別細分化妝品市場，按年齡細分服裝市場等。這種方法簡便易行，但難以反映複雜多變的顧客需求。

3. 綜合因素細分法

綜合因素細分法即用影響消費需求的兩種或兩種以上的因素進行綜合細分，例如用生活方式、收入水準、年齡三個因素可將婦女服裝市場劃分為不同的細分市場。

4. 系列因素細分法

當細分市場所涉及的因素是多項的，並且各因素是按一定的順序逐步進行，可由粗到細、由淺入深，逐步進行細分，這種方法稱為系列因素細分法。

（二）國際目標市場細分的程式

1. 根據差異性需求細分市場

企業找到差異性需求之後，把差異性需求相對應的顧客細分變數和利益細分變數作為市場細分變數，確定了所有的細分變數以後，選擇合適的細分方法，然後將市場劃分為不同的群體或子市場，並結合各分市場的顧客特點賦予每一子市場以一定的名稱，在分析中形成一個簡明的、容易識別和表述的概念。

運用調查資料或者經驗判斷，重新按對顧客購買行為影響程度大小對變量進行降冪排列，從而找出最合適的變數。

2. 深入認識細分市場的特點

深入認識細分市場的特點可作出進一步的選擇：①放棄較小或無利可圖

的細分市場；②排除重複細分市場（非重複細分市場的屬性：所提供的產品或服務用途不相同；產品和服務在每一個細分市場中的比重及一切相對價值應各不相同；所提供的產品或服務不會取得相同的利益。）；③合併較小且與其他需求相似的細分市場；④拆分內部需求差異較大的細分市場，其限度主要由企業自身的綜合實力強弱來決定。

第三節　市場的選擇與進入

選擇目標市場能夠使企業系統地考察每一個子市場，更好地發現市場機會。研究每一個子市場的大小、需求被滿足的程度、競爭對手的活動情況，以確定本企業在該子市場的銷售能力。目標明確有利於企業發掘和掌握市場機會，發揮優勢，避開威脅，有助於競爭。選擇目標市場後，企業可以進一步進行市場細分，並針對不同的細分市場採取市場行銷組合策略。

一、市場規模

市場規模，即市場容量，是指一個特定市場供應品的購買人數。市場規模大小與競爭性強弱可能直接決定對新產品設計開發的投資規模。市場規模主要是研究目標產品或行業的整體規模，具體可能包括目標產品或行業在指定時間的產量、產值等。

市場規模的研究方法較多，常用的有以下幾種：從供應端和專家那裡得到資訊和資料，並以此進行市場規模評估，這個方法比較適用於下游應用領域眾多、消費不集中的情況；對消費端進行分層抽樣再進行資料匯總，此方法適用於下游市場比較單一、應用領域相對集中的市場；同時採集供應端和消費端資料，並進行資料交叉驗證，此方法適用於相對壟斷、供應和消費都較為集中的產品或行業。

二、競爭環境

企業的競爭環境，是指企業所在行業及其競爭者的參與、競爭程度，它代表了企業市場成本及進入壁壘的高低。競爭環境是企業生存與發展的外部環境,對企業的發展至關重要。競爭環境的變化不斷產生威脅,也不斷創造機會。對企業來說,如何監測競爭環境的變化、規避威脅、抓住機會就成為休戚相關的重大問題。目前,在中國加快融入國際經濟的背景下,中國企業的競爭環境出現了急劇的變化,不確定性增加。任何企業都必須時刻關注競爭環境的變化,才能趨利避害。任何對競爭環境變化的遲鈍與疏忽都會對企業造成嚴重的甚至是決定性的打擊。

在任何市場上銷售產品,企業都會面臨競爭,競爭者包括現實的競爭者和潛在的競爭者;同一市場中同類企業數量的多少,構成了競爭強度的不同。企業調查競爭環境,目的是認識市場狀況和市場競爭強度,根據本企業的優勢,制定正確的競爭策略。透過競爭環境調查,瞭解競爭對手優勢,取長補短,揚長避短,與競爭者在目標市場選擇、產品檔次、價格、服務策略上有所差別,與競爭對手形成良好的互補經營結構。競爭環境調查,重在認識本企業的市場地位,取得較高的市場佔有率。

三、進入、運行成本

企業進入國際細分市場的時機及相應的運營成本等都會影響企業選擇與進入細分市場的方式。

(一)時機

按消費者購買和使用產品的時機細分市場,這些時機包括結婚、離婚、購房、搬家、拆遷、入學、升學、退休、出差、旅遊、節假日等。時機細分有助於提高品牌使用率,提高行銷的針對性。如旅行社可以為旅遊黃金 周提供專門的旅遊服務,文具企業可以為新學期開始提供學習用品。有不少產品如新郎西服、喜臨門酒就是時機細分的產物。

(二)利益

美國曾有人運用利益細分法對鐘錶市場進行研究,發現手錶購買者可分為三類:大約23% 側重價格低廉,46% 側重耐用性及一般品質,31% 側重品牌聲望。當時美國各大鐘錶企業都把注意力集中於第三類細分市場,製造豪華昂貴的手錶並透過珠寶店銷售。唯有"天美時"(TIMEX)企業慧眼獨具,選定第一、二類細分市場作為目標市場,全力推出一種價廉物美的"天美時"

牌手錶並透過一般鐘錶店或大型綜合商店出售。該企業後來發展成為世界第一流的鐘錶企業。 運用利益細分法時，必須確定人們在產品中尋求的主要利益，有誰在尋求這些利益，這些利益對他們的重要程度如何，哪些品牌可以提供這些利益，哪些利益還沒有得到滿足，進而進行有針對性的品牌行銷。美國學者拉塞爾·哈雷（Rusell Haley）曾運用利益細分法對牙膏市場進行細分。他把牙膏需求者尋求的利益分為經濟實惠、防治牙病、潔齒美容、口味清爽四類。牙膏企業可以根據自己所服務的目標市場的特點，瞭解競爭者是什麼品牌，市場上現有品牌缺少什麼利益，從而改進自己現有的產品，或另外再推出新產品， 以滿足牙膏市場上未滿足的利益需要。

（三）使用者狀況

許多品牌可以按使用狀況將消費者分為曾經使用者、未曾使用者、潛在使用者、初次使用者、偶爾使用者和經常使用者等類型，針對不同使用群體採用不同的行銷策略和方法。市場佔有率高的品牌特別重視將潛在使用者轉變為實際使用者，一些小企業則只能以經常使用者為服務物件。

在 20 世紀 60 年代末，美樂啤酒企業在美國啤酒業排名第八，市場份額僅占 8%，與百威、藍帶等知名品牌相距甚遠。為了改變這種現狀，米勒企業決定採取積極進攻的市場策略。他們首先進行了市場調查。透過調查發現，若按使用率對啤酒市場進行細分，啤酒飲用者可細分為輕度飲用者和重度飲用者，而前者人數雖多，但飲用量卻只有後者的 1/8。他們還發現，重度飲用者有著以下特徵：多是藍領階層；每天看電視 3 個小時以上；愛好體育運動。米勒企業決定把目標市場定在重度使用者身上，並果斷決定對米勒的 “海雷夫” 牌啤酒進行重新定位，重新定位從廣告開始。他們首先在電視臺特約了一個 “米勒天地” 的欄目，廣告主題變成了 “你有多少時間，我們就有多少啤酒”，以吸引那些 “啤酒罐子”。廣告畫面中出現的盡是些激動人心的場面：船員們神情專注地在迷霧中駕駛輪船，年輕人騎著摩托車衝下陡坡，鑽井工人奮力止住井噴等。結果，“海雷夫” 的重新定位策略取得了很大的成功。到了 1978 年，這個牌子的啤酒年銷售達 2000 萬箱，僅次於 AB 企業（安海斯—布希公司，簡稱 AB 公司）的百威啤酒，在美國名列第二。

（四）品牌忠誠度

消費者的忠誠是企業最寶貴的財富。美國商業研究報告指出，多次光顧的顧客比初次登門者可為企業多帶來 20% ～ 85% 的利潤；固定客戶數目每增長 5%，企業的利潤則增加 25%。根據消費者的品牌忠誠度，可以將消費者分為四種類型：專一忠誠者、潛在忠誠者、遲鈍忠誠者和缺乏忠誠者。

1. 專一忠誠者

這是四個類型中最高的一層，是構成顧客群體的最重要的部分。例如瑞士萬用刀的愛好者，他們會不斷地告訴他們的朋友和鄰居這種刀的好處、用途以及他們每天、每個星期、每個月的使用頻率。這些專一的忠誠者會成為品牌的免費宣傳者，並不斷地向別人推薦。對任何企業而言，這都是他們最歡迎的顧客類型。

2. 潛在忠誠者

顧客高度偏好與低度重複購買的結合，意味著潛在忠誠。例如美國有一個標準的中國食物迷，而且她的住家附近就有一家她很喜歡的中國餐館。但她的先生卻對中國食物不感興趣，所以她只是偶爾光顧這家中國餐館。如果該餐館瞭解潛在忠誠者的這些情況，就可以採取一些應對的策略。比如該餐館可心考慮增加一些美式餐點，以吸引像她先生這樣頑固的顧客。

3. 遲鈍忠誠者

顧客低度偏好與高度重複購買的結合，便形成了遲鈍忠誠。這類顧客的購買原因不是因為偏好，而是“因為我們經常用它”或“因為它方便”。大多數經常購買產品的顧客都屬於這種類型。比如有人總在一條街上購買日常用品，在另一條街上的乾洗店乾洗衣物，至於修鞋子，則是就近到自己住家的隔壁。如果能積極爭取這類客戶，提高產品或服務品質，形成自己的特色，這類顧客就可能會由遲鈍的忠誠度轉變為高度的忠誠度。

4. 缺乏忠誠者

由於不同的原因，某些顧客就是不會對某些品牌產生忠誠。一般來說，企業應避免將目標針對缺乏忠誠的顧客，因為他們永遠不會成為真誠的顧客，他們對企業的發展只有很少的貢獻。

四、企業目標

不論是國際企業還是國內企業，都要對企業的經營活動設定目標，包括長期與短期、策略與戰術、整體與部門、組織與員工等目標，其中直接影響企業發展方向和發展方式的是企業的策略目標與戰術目標，它們在一定程度上包含了長期目標與短期目標、總體目標與局部目標。

（一）策略目標（長期）

策略目標是一種宏觀目標。它是對企業發展的一種總體設想，它的著眼點是整體而不是局部。它是從宏觀角度對企業的未來的一種較為理想的設定。它所提出的，是企業整體發展的總任務和總要求。它所擬定的，是企業整體發展的根本方向。因此，人們所提出的企業策略目標總是高度概括的。同時策略目標又是一種長期目標，它的著眼點是未來和長遠。策略目標是關於未來的設想，它所設定的，是企業職工透過自己的長期努力奮鬥而達到的對現實的一種根本性的改造。策略目標所規定的，是一種長期的發展方向；它所提出的，是一種長期的任務，絕不是一蹴而就的，而是要經過企業職工相當長時間的努力才能夠實現的。

中國企業國際目標市場選擇策略主要有兩種：先易後難和先難後易，這是從國家經濟地位的角度來說的。所謂"先易後難"是指企業以一定的優勢較為容易地進入同中國經濟水準相差不大或者較為落後的國家市場，以較強的競爭優勢戰勝當地競爭者，佔據一定的市場，然後以較多的國際化經驗進入已開發國家市場，實現國際市場的拓展。如 TCL 先選擇越南作為投資對象。

所謂"先難後易"則與之相反，是指企業率先進入具有挑戰性的已開發國家的 市場，取得一定成功後轉戰發展中國家的市場。如海爾集團選擇美國和歐洲 作為目標市場。就格力空調來說，它選擇的也是"先難後易"的國際目標市 場策略。首先，格力空調利用品質和成本的優勢進軍有松下、大金等國際知名品牌的家電強國——日本，打入國際主流市場。緊接著，利用歐盟 CE 認證 證書迅速深入歐洲市場。隨後，透過在巴西各大超市進行專櫃銷售打入巴西 市場，透過在巴西、巴基斯坦、越南等國家建立海外生產基地，提高格力空 調生產量，迅速打入發展中國家的市場，提高其市場佔有率。格力空調選擇 已開發國家作為先驅深入市場，有空調作為比較奢侈品的產品本身因素，但從 其根本來看，還是採用了"先難後易"的國際目標市場選擇策略。

（二）戰術目標（短期）

戰術目標是企業的短期目標，為期一年或不到一年。戰術目標就是為企業的市場行銷部門或其他部門規定的要求達到的目標。策略目標是整個企業爭取達到的目標，而戰術目標則是為達到策略目標建立的。戰術目標是策略目標的具體化。戰術目標實現的期限較短，數量較多，有一定的緊迫性，反映企業的眼前利益，具有漸進性。

>>>

國際案例

案例一　華為的國際目標市場策略選擇

　　華為技術有限公司（以下簡稱：華為）是一家生產銷售通信設備的民營通信科技企業，於 1987 年由任正非創建，是全球第二大通信設備供應商，全球第三大智慧手機廠商，全球第二大電信基站設備供應商。華為的主要營業範圍是交換、傳輸、無線和資料通信類電信產品，在電信領域為世界各地的客戶提供網路設備、服務和解決方案。華為也是世界 500 強中唯一一家沒有上市的企業。2014 年 3 月外媒披露，美國國家安全局侵入華為伺服器，監控通信。

　　可以將華為進軍國際市場的發展策略稱為"先易後難"的發展思維，采取落差式的擴張策略，再逐步攀高。華為國際市場的擴展次序是中國─發展中國家─已開發國家。華為在國內市場發展自己的技術和能力，逐漸培育根 基，然後以發展中國家為跳板，在國際市場中取得一定的認知度和影響力，最後進軍已開發國家市場，瞄準歐美市場上一定的市場份額，逐步實行發展策略。 這種策略的優勢是發展中國家的競爭對手相對較弱，市場競爭力也較小，容易發揮市場潛力，另外投資成本低、相似的經營環境等優勢也使得華為選擇此種策略。但也存在一定的劣勢，如政治環境、經營環境的不穩定性，會導 致發展進步較慢等。從華為的案例中可以看出國際目標市場的策略選擇對於 一個企業發展的重要性。不同類型、不同行業的企業應該根據自身的發展需求、 資源和實力進行國際目標市場的策略選擇。

案例二　格力電器（空調）的發展歷程

　　1991─1993 年，海利空調廠和冠雄塑膠廠合併組成的格力電器開發了一系列適銷對路的產品，初步樹立了格力品牌形象；1994─1996 年，企業開始以抓品質為中心，提出"出精品，創名牌，上規模，創世界一流水準"的品質方針；1997─2001 年，企業狠抓市場開拓，董明珠總裁獨創了"區域性銷售企業"，成為企業制勝市場的"法寶"；1998 年企業三期工程建設完畢，2001 年重慶企業投入建設、巴西生產基地投入生產，格力的生產能力不斷提升，形成規模效益；2005 年，企業家用空調銷量突破 1000 萬台 / 套，實現銷售世界第一的目標；2006 年企業提出"打造精品企業，製造精品產品，創立精品品牌"策略，獲國家質檢總局頒發的"中國世界名牌"榮譽稱號；2010 年格力向全球發佈三項核心技術：1 赫茲低頻控制技術、超高效定速壓縮機、高效離心式冷水機組,填補了國際製冷行業空白,為"中國製造"向"中國創造"轉變作出更大貢獻。目前,格力已成為全球最大的專業空調生產基地,其產品已遠銷歐洲、亞洲、非洲、南美洲及北美洲等 150 多個國家和地區,品質、品牌已經 能和世界著名品牌同台競爭。

從大陸市場來看,1991 年新成立的格力電器主要是尋找現成的機會——抓住了空調供不應求的市場機遇,迅速佔領了國內市場,並利用企業的技術鞏固市場佔有率,提高格力品牌影響力;從國際市場來看,格力空調主要是尋找現成的機會——利用品質好、製造成本低的競爭優勢走向國際市場,得到國際知名品牌的代工訂單;同時出口到家電產品強國——日本,開始打入國際主流市場;同時透過研究開發和產品創新創造機會,透過建立生產基地、優化管理不斷拓展國際市場,在巴西各大超市設立專櫃進行銷售,在巴西、巴基斯坦、越南等地建立海外生產基地,提高格力空調生產量。

對於國際目標市場的選擇,主要有以下標準:企業現有產品或未來開發產品能適應的市場;有條件進入的容量大的市場;能充分發揮企業優勢的市場;對其他市場有重大影響的市場;企業在該市場已享有較高的聲譽等。格力空調在選擇國際目標市場時也充分考慮了這些標準。格力空調首先選擇了對其他市場有重大影響的市場,在 1993 年利用品質好、製造成本低的競爭優勢,獲得了松下、大金等眾多國際知名品牌的代工訂單,出口至家電產品強國——日本,開始打入國際主流市場,並迅速拓展了國際市場。1994 年年底格力空調拿到國內第一張歐盟 CE 認證證書,從此打開了通往歐洲市場的大門,這一方面是因為格力空調有條件也有能力進入歐洲這個容量相對較大的國際市場,另一方面也是由於格力空調的技術保證了其現有產品和未來開發產品能夠適應歐洲這個產品品質要求較高的市場,且能夠達到較高的市場佔有份額。同時,日本和歐洲國際市場的打入,對其他市場具有較強的影響力,推動了格力空調的國際化進程。

格力空調作為中國企業國際化的典型,其在國際市場機會的把握和國際目標市場的策略選擇上為中國企業國際化提供了一定的經驗。從根本上說,一個企業要想國際化,必須以企業自身實力和產品特色為出發點,以利用企業科技形成的競爭優勢為切入點,深入考慮國際市場的形勢和特點,確定國際目標市場,選擇合適的國際目標市場策略,抓住市場機會,打入國際市場,提高企業的國際市場份額。

第八章
國際市場競爭對手分析

文獻綜述

文獻綜述

波特五力模型是哈佛大學商學院的邁克爾·波特（Michael E. Porter）提出的，它是被用於行業分析和商業策略研究的理論模型，是用來分析企業所在行業競爭特徵的一種有效的工具。波特認為行業中存在決定競爭規模和程度的五種力量，這五種力量綜合起來影響著產業的吸引力，這五種力量為：現有競爭者的威脅、潛在進入者的威脅、買方議價能力、賣方議價能力、替代品的威脅。

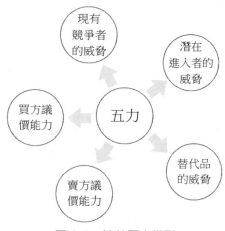

圖 8-1　波特五力模型

一、現有競爭者的威脅

現有競爭者的威脅主要由現有競爭者的數目、產業成長率、產業存在超額產能的情況、退出障礙、競爭者的多樣性、資訊的複雜度和不對稱、品牌權益、每單位附加價值攤提到的固定資產、大量廣告的需求等決定。

行業中數個企業間的利益是密切聯繫的，作為企業整體策略一部分的各企業競爭策略目標都是為了使自己的企業獲得相對於競爭對手的優勢。企業在實現這個目標的時候就構成了現有企業之間的競爭。現有企業往往在價格、廣告、產品介紹、售後服務等方面進行競爭。

如果出現以下情況，則說明行業中現有企業之間競爭加劇：行業進入門檻低，勢均力敵競爭對手多且競爭參與者範圍廣泛；市場趨於成熟化，產品的需求增長緩慢；競爭者之間展開價格戰；競爭者提供的產品或服務相同，消費者的轉換成本很低；外部企業有能力進入該行業，並成為市場的主要競爭者；退出障礙高，即退出競爭比繼續參與競爭代價更高。

二、潛在進入者的威脅

潛在進入者的威脅主要由進入障礙、規模經濟、品牌權益、轉換成本、強大的資本需求、掌控通路能力、絕對成本優勢、學習曲線、政策等因素決定。

潛在進入者在給行業帶來新生產能力、新資源的同時，也希望在市場中贏得一席之地，這就對現有企業的原材料與市場份額構成競爭，最終導致行業中現有企業盈利水準降低。新企業進入一個行業的可能性大小取決於進入者主觀估計進入所能帶來的潛在利益、所需花費的代價與所要承擔的風險三者的相對大小情況。

三、買方議價能力

買方議價能力主要由消費者集中度、談判槓桿、消費者購買數量、消費者相對於廠商的轉換成本、消費者獲取資訊的能力、消費者垂直整合、現存替代品、消費者價格敏感度、總消費金額等因素決定。

一般來說，如果滿足以下條件則說明買方有較強的討價還價能力：購買者的總數較少，每個購買者的購買量較大，占了賣方銷售量的很大比例；賣方行業由大量規模相對較小的企業組成；購買者所購買的基本上是一種標準化產品，同時向多個賣主購買產品的轉移成本很低；購買者有能力實現後向一體化，而賣主不可能前向一體化。

四、賣方議價能力

賣方議價能力主要是由以下因素決定：供應商相對於廠商的轉換成本、投入原料的差異化程度、現存的替代原料、供應商集中度、供應商垂直整合、原料價格占產品售價的比例。

　　一般來說，滿足以下條件則說明賣方具有更強的議價能力：供方行業為一些具有比較穩固的市場地位而不受市場激烈競爭困擾的企業所控制，其產品的買主很多，以致每一單個買主都不可能成為供方的重要客戶；供方各企業的產品各具有一定特色，以致買主難以轉換或轉換成本太高，或者很難找到可與供方企業產品相競爭的替代品；供方能夠方便地實行前向聯合或一體化，而買主難以進行後向聯合或一體化。

五、替代品的威脅

　　替代品的威脅主要是由消費者對替代品的偏好傾向、替代品相對的價格效用比、消費者的轉換成本、消費者認知的品牌差異等因素決定的。 兩個處於不同行業中的企業，可能會由於所生產的產品是互為替代品，從而在它們之間產生相互競爭行為，這種源自於替代品的競爭會以各種形式影響行業中現有企業的競爭策略。現有企業產品售價以及獲利潛力的提高，將由於存在著能被用戶方便接受的替代品而受到限制；現有企業必須透過提高產品品質、降低成本、降低售價、產品特色化以防止替代品生產者的侵入；替代品生產者的競爭強度受產品買主轉換成本高低的影響；替代品價格越低、品質越好、用戶的轉換成本越低，其產生的競爭壓力就越強。

第一節　國際市場競爭對手分析

　　企業要在國際市場中求得發展，必須要瞭解競爭對手，及時掌握市場信息，對企業自身有正確的定位，採取合適的策略來爭奪市場。我們從波特五力模型中的五種力量來分析國際市場的競爭對手。

一、現有競爭者的威脅

　　現有競爭者主要是該行業中已經存在的對自身企業的發展構成威脅的競爭群體。菲力浦·科特勒（Philip　Kotler）從市場觀念來確定競爭者，並且根據企業在目標市場中所處的地位，將其分為市場領導者、市場挑戰者、市場跟隨者和市場補缺者，我們從這四個方面來進行分析。

（一）市場領導者

市場領導者是指在相關產品的市場上市場佔有率最高的企業。它在價格調整、新產品開發、銷售覆蓋和促銷力量方面處於主導地位。市場領導者的領導地位主要體現在價格變動、新產品開發、分銷通路的寬度和促銷力量等方面，並為同業者所公認。並且，市場領導者是市場競爭的導向者，也是其他企業挑戰、效仿或躲避的對象。市場領導者的地位是在市場競爭中自然形成的，並不是固定不變的。

現有市場競爭者之間的競爭往往是很激烈的，市場領導者要想保持自己的領導地位就必須部署好自己的策略。市場領導者的行銷策略主要有：擴大市場需求量、保持現有市場份額、提高市場佔有率。

1. 擴大市場需求量

擴大市場需求量可以透過發現新的使用者、開闢產品新用途、增加使用者的 使用量來實現。發現新的使用者來擴大市場需求量要求企業產品必須能夠吸引 新的使用者，增加購買者數量的競爭潛力。市場發現領導者可以從三個方面 發現新的用戶：一是實行新市場策略，針對未用產品的群體使用者，說服他們使用產品；二是實行市場滲透策略，這是針對現有細分市場中還未使用產品的顧客或偶爾使用的顧客，說服他們採用產品；三是實行地理擴展策略，將 產品銷售到國外或是其他地區市場去。開闢產品新用途也可以擴大市場需求 量，市場領導者往往最有能力根據市場需求動態為自己的產品尋找和開闢新 的用途。透過說服產品使用者增加使用量也是擴大市場需求量的有效途徑， 最常用的方法是使消費者增加使用產品的頻率，增加每次消費的使用量。

2. 保持現有市場份額

市場領導者要保持現有的市場陣地，就必須要防備競爭對手的進攻與挑戰。企業必須要不斷創新，壯大自己的實力，同時應抓住競爭對手的弱點主動出擊。當市場領導者不具備條件組織或發起進攻時，就必須採用防禦策略以保持現有的市場份額。市場領導者常用以下六種防禦策略：

（1）陣地防禦

是在企業的四周建造一個牢固的守衛工事，這是防禦的基本形式，屬於靜態、被動的防禦工事。

（2）側翼防禦 市場領導者不僅要守衛自己的陣地，還要建立一些側翼或前沿陣地作為防禦陣地，必要時可作為反擊的基地。如果側翼陣地無法加以掌握與鞏固，那麼此種側翼陣地的價值就很低。

（3）先發制人的防禦 先發制人的防禦是一種更為積極的防禦作戰行動，是在競爭對手發動攻擊之前就先發制人搶先攻擊競爭對手的行動。先發制人防禦策略是基於“事前防禦勝於事發後的補救”的假設，這種持續性高壓政策主要是無時無刻都保持領先，並使競爭者始終保持防禦的狀態。

（4）反擊防禦 反擊防禦策略是指大多數的市場領導者在受到攻擊時，一般都會予以反擊，反攻競爭對手的主要陣地。市場領導者在面臨競爭者的削價、閃電式的促銷活動、產品改良等方式的攻擊時，不能一直處於被動地位。

（5）機動防禦 機動防禦不只是市場領導者積極地防禦目前的陣地而已，還包括對於未來可作為防禦或攻擊中心的新陣地的擴張。機動防禦在新陣地擴張的行動上並不像透過創新活動所衍生的市場擴大化與市場多極化這兩種常用的品牌擴張方式那麼激烈。然而，這些行動對企業會產生“策略性深度”的作用，使其能承受連續性的攻擊，並展開報復性的行動。

（6）緊縮防禦 有時大型企業會發現它們不能再防禦所有的陣地，原因是其防禦力量過於分散而顯得薄弱，致使競爭者在數個戰場上蠶食它們的市場。此時最佳的行動似乎是有計劃地緊縮（也稱為策略性撤退）。有計劃地緊縮並不是放棄市場，而是放棄疲軟的市場，並重新部署力量到較強勢的陣地上。

3. 提高市場佔有率市場領導者透過提高企業的市場佔有率來增加收益、保持自身成長和市場主導地位。市場領導者在提高市場佔有率時要考慮三個因素。

（1）是否引發反壟斷行為 當企業的市場佔有率超過一定限度時，就有可能受到指控和制裁。

（2）經營成本是否提高市場份額在達到某個水準以後還繼續增大，經營成本提高，盈利能力可能會下降，結果得不償失。

（3）採取的行銷策略是否正確 有些行銷策略對提高市場佔有率非常有效，但是不一定能增加企業效益，甚至可能造成利潤下降。 市場領導者必須不斷擴大整個市場需求，防禦挑戰者進攻以保護現有市場佔有率，並在保證獲利增加的情況下提高市場佔有率。只有這樣，企業才能長期保持領導者地位。

（二）市場挑戰者

市場挑戰者是指那些相對於市場領先者來說在行業中處於第二、第三或以後位次的企業。美國汽車行業的福特公司、飲料市場的百事可樂等企業，都屬於處於次要地位的市場挑戰者。處於次要地位的企業要向市場領導者挑戰，首先必須要確定自己的策略目標與競爭對手，然後選擇適當的進攻策略。

1. 確定策略目標與競爭對手

市場挑戰者的目的是增加自己的市場份額，提高市場佔有率，因此，關鍵是確定好策略目標與競爭對手。

（1）攻擊市場領導者 這是一種既有風險又有潛在價值的策略，如果挑戰成功，則企業的市場地位就會發生根本性的變化，但同時，如果企業挑戰失敗，則會給企業造成重大損失。市場挑戰者如果採用這一策略，就必須要進行周密的計畫及部署。

（2）攻擊實力相當者 這往往是許多企業利用的一種策略，企業抓住有利時機，向勢均力敵的企業發動進攻，吸引競爭對手的顧客，爭奪它們的市場份額，壯大自己的市場。 這種策略的風險較小，若幾番出師大捷或勝多敗少的話，可以對市場領先者 造成威脅，甚至有可能改變企業的市場地位。

（3）攻擊實力薄弱的小企業 當某些中、小企業出現經營困難時，可以透過兼併、收購等方式，奪取這些企業的市場份額，以壯大自身的實力和擴大市場佔有率。

2. 選擇進攻策略明確了企業的策略目標與競爭對手之後，挑戰者就面臨著採取何種進攻 策略的問題。

（1）正面進攻

　　市場挑戰者必須要在產品、廣告、價格等方面超過競爭對手，需要具有超過競爭者的實力和持久力才能開展正面進攻。正面進攻常用價格來同對手競爭，一是針對市場領導者的價格制定較低的售價；二是降低生產成本，以價格為基礎攻擊競爭對手。

（2）側翼進攻

　　市場挑戰者可採取"聲東擊西"的做法，佯攻正面，實際攻擊側面或背面，使競爭對手措手不及。具體可採取兩種策略：地理性的側翼進攻：在全國或 全世界尋找力量薄弱的對手以發動進攻；細分性側翼進攻：尋找領先企業尚 未為之服務的細分市場，在這些小市場中迅速填空補缺。

（3）包圍進攻

　　市場挑戰者擁有優於競爭對手的資源，能向市場提供比競爭對手更多的品質更優、價格更廉的產品，並確信包圍計畫能成功時，可採用包圍進攻策略。

（4）迂回進攻

　　迂回進攻就是完全避開競爭對手的現有陣地而進攻對手尚未涉足的業務領域和市場，以壯大自己的實力。這是一種最間接的進攻策略。具體方法有三種：一是發展相關的產品，實行產品多元化；二是以現有產品進入新地區的市場，實行市場多元化；三是發展新技術、新產品，取代現有產品。

（5）遊擊進攻

　　遊擊進攻就是向對手的有關領域發動小規模的、間斷性的進攻，干擾對手的士氣，以佔據長久性的立足點。遊擊進攻適用於規模較小、力量較弱的企業，主要方法是在某一局部市場有選擇地降價，開展密集促銷，最好進攻小的、孤立的、防守薄弱的市場。

　　市場挑戰者要想提高自己的市場佔有率，僅靠一個策略是不夠的，必須能夠根據自己的策略目標、所處的環境等條件制定綜合的作戰策略。

　　（三）跟隨者

　　市場跟隨者是指安於次要地位、不熱衷於挑戰的企業。在大多數情況下，企業更願意採用市場跟隨者策略。在資本密集的同質性產品的行業中，如鋼鐵、原油和化工行業，市場跟隨者策略是大多數企業的選擇。其主要原因是由行業和產品的特點所決定的，這些行業的主要特點是：產品的同質程度高，產品差異化和形象差異化的機會較低；服務品質和服務標準趨同；消費者對價格的敏感程度高；行業中任何價格挑戰都可能引發價格大戰；大多數企業準備在此行業中長期經營下去。

　　市場跟隨者不是盲目、被動、單純地追隨市場領先者，其任務是確定一個不致引起競爭性報復的跟隨策略，在不同的情形下有自己的策略組合和實施方案。其策略要求有：必須懂得如何穩定自己的目標市場，保持現有顧客，並努力爭取新的消費者或用戶；必須設法創造獨有的優勢，給自己的目標市場帶來如地點、服務、融資等某些特有的利益；還必須盡力降低成本並提供較高品質的產品和保證較高的服務品質，提防挑戰者的攻擊，因為市場跟隨者的位置是挑戰者的首選攻擊目標。

　　跟隨者策略有三類：

　　1. 緊密跟隨

　　緊密跟隨是跟隨者在盡可能多的細分市場和行銷組合方面模仿市場領導者的做法。在這種情況下，市場跟隨者很像是一個市場挑戰者，但只要它不從根本上侵犯到市場領導者的地位，就不會發生直接衝突。有些跟隨者甚至寄身於市場領導者的投資下生活。

　　2. 有距離地跟隨

　　這種策略是跟隨者總是和市場領導者保持一定距離，如在產品的品質、功能、定價、促銷力度、廣告密度以及分銷網點的密度等方面。市場領導者十分歡迎這種跟隨者，而且樂意讓他們保持相應的市場份額，以使自己免遭獨佔市場的指控。這種跟隨者一般靠兼併更小的企業來獲得增長。

　　3. 有選擇地跟隨

　　這種策略是跟隨者在某些方面緊密地跟隨領導者，而在另一些方面又走自己的路。也就是說，它不是盲目跟隨，而是擇優跟隨。採取有選擇地跟隨策略的企業具有創新能力，但是它的整體實力不如市場領導者，需要避免與領導者的直接衝突。這類企業可望在以後成長為市場的挑戰者。

　　（四）市場補缺者

　　市場補缺者是指選擇某一特定較小之區隔市場為目標，提供專業化的服務，並以此為經營策略的企業。這些企業在競爭中避免與實力強大的企業發生正面衝突，選擇那些未被滿足的細分市場，走差異化的道路，向細分市場提供專門的產品或服務，以謀求生存與發展。市場補缺者成功的關鍵因素是專業化，有專業化的技術、人才、產品或促銷手段。 市場補缺者的專業化有以下一些方面：

①最終使用者專業化。企業專門為某一類型的最終使用顧客服務。

②縱向專業化。企業專門在行銷鏈的某個環節提供產品或服務。

③顧客規模專業化。企業可集中力量專為某類顧客服務。

④地理區域專業化。企業把銷售集中在某個地方、地區或世界的某一區域，可以把行銷範圍集中在交通不便的地理區域，即大企業所不願經營的地方。

⑤產品或產品線專業化。企業只生產一種產品線或產品，而所涉及的這些產品是被大企業所放棄的。

⑥定制專業化。企業按照客戶的訂貨單定制產品。

⑦服務專業化。企業專門提供某一種其他企業沒有的服務專案。

⑧通路專業化。企業只為一種分銷通路服務。 市場補缺者有小型企業，也有大型企業的下屬機構，這些企業為減少經營風險，通常會選擇一兩個市場有利位置，才能在生存中求發展。

二、潛在進入者的威脅

潛在進入者的進入障礙主要包括：規模經濟、產品差異化、資本需求、轉換成本、獲得分銷通路、與規模無關的成本優勢和政府政策。如下圖 8-2 所示。

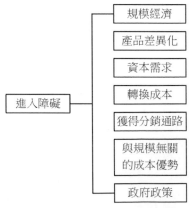

圖 8-2　潛在進入者的進入障礙

（一）規模經濟

規模經濟表現為在一定時期內產品的單位成本（或者說生產一件產品的操作或運行的成本）隨總產量的增加而降低。規模經濟的存在阻礙了對產業的侵入，因為它迫使進入者或者一開始就以大規模生產承擔原有企業強烈抵制的風險，或者以小規模生產而接受產品成本方面的劣勢，這兩者都不是進入者所期望的。規模經濟所製造的障礙可以透過各種經濟活動來實現，包括生產、研發、行銷、採購、服務等。在這種情況下，新進入者就會躊躇，如果規模較大，可能會存在諸多的進入風險，遭到競爭報復。

（二）產品差異化

產品差異化意味著現有的公司由於過去的廣告、顧客服務、產品特色或由於第一個進入該產業而獲得商業信譽及顧客忠誠度上的優勢。產品差異化建立了進入壁壘，它迫使進入者耗費大量資金消除原有的顧客忠誠。實際上，企業只有為顧客提供個性化的產品或服務，展現產品或服務的特性，才能夠有機會贏得顧客。

（三）資本需求

競爭需要的大量投資構成了一種進入壁壘，特別是高風險或不可回收的前期廣告、研究與開發等。除了廠房設備和設施之外，庫存、市場行銷活動和其他的企業重要活動都需要大量的資本。即使新的產業有很好的發展前景，新進企業也可能無法承擔大量的資本來支撐企業的各項成本和費用。

（四）轉換成本

轉換成本的存在構成一種進入壁壘，即客戶由原供應商處採購產品轉換到另一供應商那裡所遇到的一次性成本。轉換成本包括雇員重新培訓成本、新的輔助設備成本、檢測考核新資源所需的時間及成本，由於依賴供應方工程支持而產生的對技術說明的需要、產品重新設計的成本，甚至包括中斷老關係需付出的心理代價。如果這些轉換成本很高，則潛在進入者為使客戶接受這種轉換，必須在成本或經營方面有重大改進。

（五）獲得分銷通路

潛在進入者需要確保其產品的分銷，這一要求也構成進入壁壘。產品進入市場必須透過良好的分銷通路，企業一旦與分銷商建立起經銷關係，企業就會精心培育市場，為潛在進入者的進入製造轉換成本。因此，分銷通路對於潛在進入者而言可能是一個很大的障礙。

（六）與規模無關的成本優勢

目前的競爭對手可能具有潛在進入者無法比擬的成本優勢，比如，熟練的工人、獨有的產品技術、順暢的採購通路、政府的支援等。潛在進入者必須設法減少或消除這些因素的影響。

（七）政府政策

政府政策能夠限制甚至封鎖某產業的進入。在煙草製造、酒類生產、煙酒零售、銀行業務、證券交易等行業，政府的決定和法規限制了進入的可能性。

新進入者對行業內已有的企業會形成一定的競爭壓力，會促使企業增強自身的競爭優勢，使企業能根據市場環境的變化改變自身的策略以滿足市場需求，提高自身的產品差異化程度，鞏固企業的市場地位。同時，潛在進入者的進入會改善已有的產業結構，競爭的加劇促使企業不斷地改進自身的產業鏈，不斷完善產業鏈中的不合理成分，最終會使整個產業結構更加合理化。

三、替代品的威脅

替代品是指那些具有相同或相似功能的、來自不同行業的產品或服務。替代品出現的方式有很多種，包括產品替代、品牌替代、更新換代和經營方式替代等。來自於替代品的競爭壓力的強度取決於兩個方面的因素：一是替代品的價格；二是購買者的轉換成本。

（一）替代品的價格
價格上有吸引力的替代品會給現有企業帶來很大的競爭壓力，替代品會迫使現有企業為保持一定的銷售額和留住現有顧客而降低產品價格。如果替代品的價格比現有產品的價格低，那麼現有企業就會受到降價的壓力，從而不得不降低成本來緩解降低價格的壓力。顧客在比較替代品與現有產品時，除了價格，也會比較兩者的品質、性能、服務等方面的優劣。替代品生產商往往會以比競爭對手低的價格，品質、性能、服務差不多甚至更好的產品與競爭對手爭奪市場份額。

（二）購買者的轉換成本

替代品的競爭強度的另一個決定因素是本產業中的顧客轉向替代品的難度和成本。常見的轉換成本有：可能的設備成本、員工培訓成本、建立新供應關係的成本等。如果轉換成本較高，那麼替代品就必須提供某種特殊的性能或是更低成本來誘惑顧客脫離原來的供應者。如果轉化成本低，那麼替代品廠商說服購買者轉向他們的產品就要容易得多。

四、賣方議價能力

賣方可以透過提價或聲稱所購產品或服務的品質降低來向某個產業中的企業施加壓力。賣方還可以迫使一個產業因無法使價格跟上成本的增長而失去利潤。賣方一般在下列情況下更具有議價的能力：

①賣方產業由少數的幾個大公司支配，集中化的程度比客戶產業高。賣方在向較為零散的買主銷售產品時，往往能夠在價格、品質及交貨期上施加相當的影響。

②沒有很好的替代品競爭。賣方與替代品生產者的競爭會使其強大的實力削弱。

③對整個供應行業來說，這個行業中的企業不是它們的重要客戶。當賣方在眾多產業中銷售產品而某一具體產業在其銷售額中所占比重不大時，賣方往往會顯示其實力。

④賣方的產品對買方很關鍵。如果賣方提供的產品對買方來說非常重要、非常關鍵的話，那麼賣方的議價能力就相對較高。

⑤賣方的產品差異化或具有轉換成本。客戶面對的產品差異或者轉換成本消除了他們利用賣方矛盾的可能性，產品的特色與轉換成本使客戶對賣方有一定的依賴，從而使得賣方的議價能力較強。

⑥賣方前向整合進入企業所在行業的可能性很大。如果賣方掌握著相當

的資源，供應著高度差別化的產品，這種可能性會更大。

⑦賣方的議價能力受以上因素影響，而這些因素都是不斷變化的，因此，賣方要掌握議價能力的主動權，要根據企業的具體情況來發揮這些因素的作用。

五、買方議價能力

企業總是追求更高的投資回報率，而買方也就是消費者總是期待用最小的支出獲得最好的產品和最優質的服務。這個價格支出將會使賣方獲得所能接受的最小的投資回報率。為了減少支出或降低成本，買方通常會討價還價，尋求更好、更多的產品和服務以及更低的價格。同時行業內企業之間的競爭也會讓買方坐收漁翁之利。買方在以下情況時更有議價的能力：

①相對於賣方的銷售量而言，購買是大批量和集中進行的。如果銷售額的很大一部分由某一個特定客戶購買，這將提高客戶業務的重要性，買方的議價能力就比較高。

②客戶從產業中購買的產品占其成本或購買數額的相當大一部分，在這種情況下，客戶為獲得優惠價格總是不惜耗費精力並且有選擇地購買。當產業售出的產品只占購買者成本的一部分時，購買者對價格的敏感程度通常要小得多。

③客戶的轉換成本低。轉換成本的高低影響著客戶對賣方的依賴程度，當客戶的轉換成本很低時，其對賣方的依賴程度較低，從而在議價方面更具主動性。

④客戶採取後向一體化策略的威脅。如果客戶實行了部分一體化或存在後向一體化的現實威脅，則他們在討價還價中就處於能迫使對方讓步的有利地位。

⑤購買者掌握充分的資訊。有的客戶充分瞭解需求、實際市場價格，甚至賣方的成本等資訊，在這種情況下，客戶比在資訊貧乏的情況下掌握更多的議價的籌碼。掌握了充分的資訊，買方處於更強有力的位置，保證自己從賣方得到最優惠的價格，同時可以在賣方聲稱他們的經營受到威脅時予以回擊。

⑥買方的議價能力受以上因素影響，如果買方要掌握議價的主動權，就必須注重以上因素的作用。

第二節　國際市場競爭分析

　　在全球化經濟背景下，世界市場的競爭更加激烈，企業要在激烈的競爭環境中生存下去，就必須要打造自己的競爭力。本節我們來分析企業在競爭中所採取的競爭策略。

一、成本領先策略

成本領先策略是指企業透過降低自己的生產和經營成本，以低於競爭對手的產品價格獲得市場佔有率，並獲得同行業平均水準以上的利潤。成本領先策略的基本思想是：保持競爭優勢思想是成本領先策略的動因，節約思想是成本領先策略的基礎，全員參與思想是成本領先策略的前提，全程序控制思想是成本領先策略的保障。不論企業採取何種策略，成本都是企業必須面臨的問題，因此為企業贏得成本優勢與競爭優勢是企業策略管理的重要內容，也是成本領先策略的核心。節約可以用相同的資源創造更大的價值，可以使有限的資源延長使用時間，可以為企業節省成本。

　　全員參與是成本領先策略的關鍵因素，人的素質、技能、成本意識以及降低成本的主動性都對成本產生重要影響，每一個人都與成本有關，降低成本必須要企業全員參與。同時，要時刻持有控制思想，控制成本可以從各個環節著手，因此要具有全程序控制的態度。企業國際化經營的一個重要原因就是降低成本，在國際化經營中，企業可以在全球範圍內優化資源配置組合，從生產到銷售到服務，最大限度地降低成本。同時，企業可以利用技術創新、管理改進等方式降低企業的成本，實現成本領先。技術是第一生產力，是企業的財富，企業利用技術創新可以極大地促進生產的發展、降低企業的成本。

　　這也是許多企業重視技術、研發技術的原因。另外，管理方式的改進對企業的成本也有很大的影響，管理成本本身就是企業的成本，加強對企業各個環節的管理，會使企業的成本明顯下降。

（一）成本領先策略的優勢

1. 獲得較高的利潤率

企業的低成本使得其獲利水準高於同行業的平均獲利水準，從而在企業以同等價格出售產品時可以比其他企業獲得較高的利潤率。

2. 形成進入障礙

企業的生產經營成本低，為行業的潛在進入者製造了進入障礙，使那些對生產技術不熟悉、經營上缺乏經驗的企業，或者是缺乏規模經濟的企業很難進入該行業。

3. 增強討價還價的能力

低成本能為企業提供部分的利潤率保護，防禦來自買方的議價能力。同時，由於企業成本低，可以提高自己對購買者的討價還價能力。

4. 樹立與替代品的競爭優勢

企業的成本低，在與替代品競爭時佔有優勢，憑藉低成本降低替代品的威脅，佔據市場。

（二）成本領先策略的風險

1. 過度降價引起利潤率降低

企業在競爭中可能會不斷地降低自己的價格以贏取市場份額，但是企業過度降價會引起企業的利潤下降，最終得不償失。

2. 新加入者可能後來居上

如果新進入該產業的企業掌握了技術，並且對該行業的資訊掌握得非常充分，則後來者就有可能超越原有企業。

3. 喪失對市場的預見能力

企業只是一味地關注成本，而忽視了顧客需求的變化，喪失了對市場需求變化的把握。消費者多樣化的需求可能會使其興趣轉移到價格以外的其他產品特徵上，而企業很有可能失去機會。

成本領先策略有其優勢，也有其使用的風險，它的適用條件是：現有競爭企業之間的價格競爭非常激烈；企業所處產業的產品基本上是標準化或同質化的；實現產品差異化的途徑很少；多數顧客使用產品的方式相同；消費者的轉換成本很低且具有較強的降價談判能力。因此，企業要根據自身所處的環境來決定是否採用成本領先策略。

沃爾瑪的低成本策略

沃爾瑪百貨有限公司由美國零售業的傳奇人物山姆沃爾頓（Sam Walton）先生於 1962 年在阿肯色州成立。經過五十多年的發展，沃爾瑪公司已經成為世界上最大的私人雇主和連鎖零售商，多次榮登《財富》雜誌世界 500 強榜首及當選最具價值品牌。沃爾瑪始終在零售業界擔任領軍者，並透過企業社會責任活動幫助人們生活得更美好。沃爾瑪始終堅持"尊重個人，服務顧客，追求卓越，始終誠信"的四大信仰，專注於開好每一家店，服務好每一位元顧客，履行公司的核心使命——"為顧客省錢，讓他們生活得更好"，以不斷地為我們的顧客、會員和員工創造非凡。

沃爾瑪的低成本策略是其制勝的一大法寶，主要透過以下幾種策略達到降低成本的目的：從進貨通路入手，嚴格控制商品進價，沃爾瑪以進貨量巨大、幫助供應商進入世界市場等理由，要求供應商提供最低的價格；加強管理，降低行銷費用、行政開支等支出，沃爾瑪的行政辦公條件和陳設都非常簡單，但所有工作卻都快速有效；使用先進的資訊技術和後勤系統，不斷地降低其運營成本，沃爾瑪高度重視高科技在企業運營中的重要作用，投入鉅資發射了用於公司內部資訊傳輸的人造衛星，建立了資訊中心和配送中心，有效地降低了流通成本，提高了資金周轉率，從而提高了資金利用率。

沃爾瑪透過嚴格控制成本，達到成本領先，這是其發展道路上非常關鍵的一步，也是其發展越來越強大的原因之一。

二、差異化策略

差異化策略是指企業透過提供與眾不同的產品和服務來滿足顧客特殊的需求，形成一些在全產業範圍內具有獨特性的東西。差異化策略用來吸引對某一特殊產品屬性有特殊敏感性的顧客。企業要想成功地實施差異化策略，就要以滿足顧客的需求為核心，在價格、產品、服務、形象等不同方面進行行銷組合。

差異化策略類型主要有：產品差異化、服務差異化、定位差異化、形象差異化。

　　①產品差異化可以反映在產品整體的不同層次上，不論是一個產品、一個新品類的市場細分，還是包裝、設計、定價，還是品牌發展、廣告訴求、公關策劃，都可以說是差異化的重要來源。

　　②服務差異化是指提供給顧客特色的服務，來滿足顧客特殊的需求。顧客的消費需求越來越多樣化，企業應根據消費者需求的變化為之提供具有特色的服務。個性化、私人化、定制化越來越受到消費者的青睞，為企業帶來了機遇。

　　③定位差異化。企業市場定位發生的改變一般是兩個方向：一是定位提高，提高價格，同時提高品質。如 2004 年 TCL 手機推出蒙寶歐手機，面向高端女性市場，蒙寶歐 828 被譽為全球最貴手機，手機上鑲嵌 3 粒重約 3 克拉的天然鑽石，價格近 30 萬；二是定位降低，如英特爾、超微半導體公司（Advanced Micro Devices，AMD）兩家晶片廠商為高、低端筆記型和桌上型電腦 提供不同子品牌的晶片。

　　④形象差異化。為了滿足顧客較複雜的需求和為顧客創造相應的價值，塑造企業差異化的形象也能夠打造差異化競爭優勢。

（一）差異化策略的優勢

　　差異化策略的優勢體現在四個方面，分別是：可以形成進入障礙，增強企業對供應商的議價能力，同時削弱購買者的議價能力，防止替代品的威脅。

　　①由於企業的產品與服務很有特色，顧客忠誠度很高，從而使產品與服務具有強有力的進入障礙。潛在的進入者要與該企業競爭，需要克服該企業產品的獨特性。

　　②差異化策略可以增強對供應商討價還價的能力，這主要是由於差異化策略提高了企業的邊際收益，降低了企業的總成本。

　　③削弱購買者的議價能力。因為企業提供的產品和服務是具有差異化的，購買者缺乏與之可比較的產品與服務，從而降低了購買者對價格的敏感程度，削弱了購買者的議價能力。

　　④防止替代品威脅。採用差異化策略的企業在對付替代品競爭時比其他競爭對手處於更有利的地位，由於購買差異化產品的顧客對價格敏感度較低，更注重品牌和形象，因此，購買者一般不願意接受替代品。

（二）差異化策略的風險

　　差異化策略有其有利的一面，同時也存在著不利的方面。具體有：

1. 可能喪失部分客戶

如果採用成本領先策略的競爭對手壓低產品價格，使其與實行差異化戰略的廠家的產品價格差距拉得很大，在這種情況下，使用者為了大量節省費用，放棄實行差異化策略的廠家的產品，轉而選擇物美價廉的產品。

2. 顧客需要的產品差異的地位和作用在逐漸下降

當顧客變得成熟時，就會對產品的特徵和差異變得不敏感。

3. 大量的模仿縮小了產品差異

隨著行業的成熟，競爭對手推出相似的產品，降低了產品的獨特性，或是有的企業推出更加有特色的產品使得企業的原有購買者轉向了競爭對手的市場。企業能否透過差異化取得競爭優勢，在一定程度上取決於其技術和產品是否易於被模仿。

4. 過度差異化

出售產品所帶來的總收入和生產該產品發生的總支出之間的關係，是判斷企業是否過度差異化的重要依據。在任何時候都要確保產品所獲得的收益超過為獲得差異化而花費的總成本，使差異化的產品有利可圖。過度差異化可能導致成本過高，成本過高又將導致大多數購買者難以承受產品的價格，企業也就難以盈利。

企業決定實施差異化策略，必須仔細研究顧客的需求或偏好，以便決定將一種或多種差異化特色結合在一起以滿足顧客的需要。企業差異化需要有適用的外部條件與內部條件，其中外部條件包括：存在很多途徑創造企業與競爭對手服務的差異，且此差異被顧客認為是有價值的；顧客對服務的需求和使用要求是多種多樣或經常變化的，即顧客需求是有差異的；採用差異化策略的競爭對手很少；企業的物流技術尤其是物流資訊技術變革很快，市場上競爭的焦點主要集中在不斷推出新的特色技術上。內部條件有：企業具有很強的物流研發能力，且研究人員有創造性的眼光；企業在物流行業中具有服務品質或技術領先的聲譽；企業有很強的物流行銷能力；企業能夠得到供應鏈上各單位強有力的合作；企業的研發部門與各業務部門能夠實現密切協作。

>＞＞

海底撈火鍋的服務差異化策略

北京的火鍋店眾多，競爭相當激烈。來自四川資陽的海底撈火鍋獨樹一幟，以高品質的服務在京城火鍋市場中佔據了一席之地。海底撈火鍋的高品質服務體現在就餐前、就餐中和就餐後的各個環節當中。

海底撈的服務差異主要體現在三個大方面：就餐前的全面考慮、就餐中的細節關懷以及就餐後的小恩惠。

就餐前的全面考慮主要包括其泊車的便利以及在顧客等待中的創新。海底撈店前有專門的泊車服務生，他們主動代客泊車，若顧客選擇在週一到周五中午用餐，海底撈還會提供免費擦車服務。另外，海底撈透過一系列創新性舉措為等餐的顧客服務，如當顧客在海底撈等待區等候時，服務人員立即送上西瓜、柳丁、蘋果、花生、炸蝦片等，還有豆漿、檸檬水、薄荷水等飲料（均為無限量免費提供），顧客還可以在等待區打牌、下棋和免費上網衝浪，女士可以享受免費美甲，男士則可以免費擦皮鞋等。

就餐中的細節關懷體現在點菜、上洗手間、結帳離開等全流程的各個環節。

1. 節約的點菜服務 如果客人所點菜量已經超過了可食用量，服務員會及時提醒客人。此外，服務員還會主動提醒顧客，各式食材都可以點半份，這樣同樣的價錢可以享受為平常兩倍的菜品。

2. 及時到位的席間服務 海底撈保證每桌至少有一個服務員，所有服務員看到顧客都會恭敬地問候；服務員在席間至少兩次以上主動為客人更換熱毛巾；給長頭髮的女士提供橡皮筋箍頭、小髮夾等夾住前劉海，給帶手機的顧客提供小塑膠袋；若有戴眼鏡的顧客，服務員還會為其免費贈送擦鏡布；為每位就餐者提供圍裙，一是可以避免讓湯汁不小心濺到顧客的衣服上；二是可以部分攔截火鍋的氣味，以免衣服沾染上。

3. 暫時充當孩子保姆 帶孩子上餐館經常是父母的麻煩，有時淘氣的孩子會破壞就餐的氛圍，讓原本美味的食物變得索然無味。為此，海底撈實施了兩項創新舉措：一是創建了兒童天地，讓孩子們在那裡盡情玩耍，使父母可以全身心投入到品嘗美味之中；二是服務員可以免費帶孩子玩耍，還可以幫助給年齡較小的孩子餵飯，讓父母安心進餐。

4. 星級般的 WC 服務 海底撈的衛生間環境優良、衛生乾淨，而且配備了一名專職人員為顧客洗手後遞上紙巾，以便顧客能夠擦乾濕手。

5. 精彩的拉麵表演 海底撈針對每位點了拉麵的顧客，推出了精彩的拉麵表演項目，即讓一名受過專業培訓的員工用各種舞蹈動作當著顧客把面拉好並下到鍋裡，這使 顧客在享受美味之餘，還欣賞到烹飪技藝表演。

海底撈在消費者就餐後會給予一定的小恩惠。一般的餐館吃完飯後只會送上一個果盤，但在海底撈，若顧客向服務員提出再給一個果盤的要求，服務員會面帶笑容地說沒問題，並立即從冰櫃裡拿出果盤奉送給顧客。服務員有時候還會給顧客奉送一到兩小袋豆子和口香糖。雖然這些小恩惠不值多少錢，但卻使顧客感到滿意、欣喜和感動。

正是透過以上高品質的服務，海底撈樹立了其服務差異化的品牌，顧客回頭率很高。海底撈的特色服務使其在市場中更有競爭力，它的服務差異化做得非常完美，很多顧客寧願排隊在海底撈等待也不願換地方，形成了顧客的忠誠度。它的完美服務不但贏得了顧客的口碑，而且也實現了企業自身的利潤。

三、集中化策略

集中化策略是指把經營策略的重點放在一個特定的目標市場上，為特定的地區或特定的購買者集團提供特殊的產品或服務。企業集中使用資源，以快於過去的增長速度來增加某種產品的銷售額和市場佔有率。集中化策略的前提思想是：企業業務的專一化，它能以更高的效率和更好的效果為某一狹窄的細分市場服務，從而超越較廣闊範圍內的競爭對手們。這樣可以更加容易形成企業的核心競爭力。

集中化策略具體可以分為產品集中化、市場集中化以及服務集中化。

產品集中化，是指企業只生產一種或幾種產品，塑造自己的產品特色，利用自己的成本優勢和專業化特性把產品推向市場，贏得顧客。例如汽車工業和飛機製造業通常採取產品集中化策略來打造自己的競爭優勢。市場集中化，是指企業生產的產品針對特定的使用者群，有特定的目標市場，或者是按照地區來細分市場。服務集中化，是企業為客戶提供特有的服務，使企業與 競爭對手區別開來。企業透過服務集中化可以形成自己的獨有品牌，為企業帶來良好的聲譽。

（一）集中化策略的優勢

集中化策略的優勢主要有：企業的經濟目標集中，管理簡單方便，使企業能夠更好地利用資源服務於特定的目標；企業可以鎖定自己的目標市場，有利於企業更好地調查研究與產品有關的技術、市場、顧客以及競爭對手等各方面的情況，提高企業自身實力，贏得市場；生產高度專業化可以使企業達到規模效益，降低成本，增加企業的收益；企業可以根據競爭對手薄弱的環節使用集中化策略採取行動，同時能夠更快地對市場變化作出反應；經濟效果易於評價，策略過程易於控制，為企業的管理帶來方便。

（二）集中化策略的缺點

①企業的人力、物力集中於某一種產品、服務或某一特定的市場時，如果顧客偏好發生改變、技術出現創新或是有新的替代品出現時，就會導致對這種產品、服務或市場的需求下降，對企業造成衝擊。

②企業實施集中化策略會導致企業對外部環境適應能力差，經營風險大。一旦競爭對手進入了企業實施集中化策略的目標市場，並且採取了優於企業的更集中化的策略，則會對企業造成很大的威脅，因此企業需要建立防止模仿的障礙。再者，目標細分市場的規模對集中化策略也會造成威脅，如果細分市場太小，競爭者可能不感興趣，但如果是一個新興的、利潤不斷增長的較大的目標細分市場上，其他企業可能會採取更狹窄的目標市場細分，從而會對企業構成威脅。

③企業採取集中化策略需要綜合考慮四個條件：具有完全不同的用戶群；在相同的目標細分市場中，其他競爭對手不打算實行集中化策略；企業的資源不允許其追求廣泛的細分市場；行業中各細分部門在規模、成長率、獲利能力方面有很大的差異，致使某些細分部門比其他部門更有吸引力。

── > > >

阿托搬家公司的集中化策略

　　阿托搬家公司創辦於 1977 年，僅用了 9 年時間，年營業額就增加了 347 倍，達到 140 多億日元，並從一個地區性的小公司發展成在全國近 40 個城市擁有分公司或聯營公司的大型企業。而且，美國和東南亞一些國家還爭相購買它的搬家技術專利。

　　阿托搬家企業的總經理叫奪田千代乃，由於經營上的成功，她現在被評為日本最活躍的女企業家之一。可是在 1973 年時，她還在為生計發愁。是報紙上的一條簡短消息引得她邁出改變生活之路的步伐。在這條消息中，日本關西地區每年搬家的開支達 400 億日元，其中大阪市就有 150 億日元。這引起了她的思考，她和丈夫商量之後，就決定辦個搬家企業。

　　奪田千代乃是個做事認真而且肯動腦筋的人。首先在給企業起名的問題上，她就著實費了一番腦筋。怎樣用最少的廣告費，把成千上萬分散的住戶吸引過來呢？想來想去，她決定用電話號碼簿來為自己做免費廣告。因為想到要搬家的人肯定會在電話簿上找運輸企業的電話，而日本電話簿是按行業分類、按日語字母順序排列的，所以她就給自己的企業取名為“阿托搬家中心”，使它在同行業中名列電話簿首位。同時，她又在電話局的空白號碼中，選了一個醒目又容易記的號碼——0123。這一措施果然為她贏得了不少生意，許多顧客都是打電話提前預約的。按理說，這些業務就足夠奪田千代乃過得比較好了，但她並不滿足於僅僅按顧客要求準時完成任務，她還想做得更好一些，於是她開始了對搬家技術的研究。

　　她抓住顧客珍惜家財和怕家財外露的心理，設計了搬家專用車，把家用器物放在這種車上，既安全又可靠，還不會被路人看見。另外針對日本城市住宅多是高層建築的特點，她又找人設計了專門的搬家吊車和集裝箱，這樣高層公寓的居民在搬家時，只要用吊車把集裝箱送到視窗就可以進行作業了。此外，阿托搬家中心還提供與搬家有關的 300 多項服務。以往的搬家總是“行李未到，家人先到”，給人亂糟糟的煩鬧的感覺。阿托搬家中心決定改變這種局面，把搬家變成終生難忘的旅行。為此，奪田千代乃專門向歐洲最大的大轎車廠——德國的巴爾國際企業定做了一種名為“二十世紀的夢”的搬家專用車。這種車長 12 米，寬 2.5 米，高 3.8 米。前半部分分為上下兩層，下層是駕駛室，上層是一個可以容納 6 人的豪華客廳，裡面有舒適的沙發、嬰兒專用搖籃，還裝有電視機、立體組合音響、電冰箱、電子遊戲機等設施。後半部分是裝運行李傢俱的車廂，載重量為 7 噸。這種新型搬家專用車透過電視廣告向日本展示以後，各地的搬家預約蜂擁而至。特別是好奇心強的小孩子們，在家吵著鬧著要坐"二十世紀的夢"來搬家。

當然，僅僅有好的技術條件，沒有好的服務，作為服務行業的搬家企業也是沒有前途的。阿托搬家中心在重視技術創新的同時，更注重自己的服務品質，並把這作為最有力的競爭手段。它們在每完成一次搬家任務後，都要請顧客填寫"完成證明書"，它的背面則是"賠償請求書"。作業人員如果連續 10 次向企業交回"完成證明書"後，奪田千代乃就會親自給他發放 1 萬日元的獎金；反之，如果顧客提出索賠要求，就要扣罰薪金。這些規定使阿托搬家中心工作人員將自己的利益和企業的利益緊密相連，使企業以優質的服務在搬家行業遙遙領先。

第三節　國際策略聯盟

"二戰"後，隨著世界新政治與經濟秩序的確立、高科技產業與資訊產業的迅速發展，全球性競爭更加激烈。全球的競爭範圍擴大；競爭內容也發生巨大的變化，從爭奪市場到爭奪技術和人才及策略夥伴；競爭主體發生變化，由單個企業到企業集團再到跨國公司；全球競爭形式發生根本性變化，從排他性競爭到合作雙贏競爭。可見，未來國際市場的競爭不再是企業與企業的競爭，而是國際策略聯盟之間的競爭。

國際策略聯盟又稱跨國策略聯盟或策略經營同盟，是國際市場競爭的新策略。我們可以將國際策略聯盟的定義概括如下：兩個以上的企業為了實現優勢互補、提高競爭力及擴大國際市場的共同目標而制定的雙邊或多邊的長期或短期的合作協定。國際策略聯盟必須堅持平等互惠、共用利益、共擔風險的原則。

一、國際策略聯盟的主要形式

國際策略聯盟的主要形式可以分為合併式聯盟、互補式聯盟、項目式聯盟。

（一）合併式聯盟

合併式聯盟是指兩個以上的跨國企業出於對整個世界市場的預期和企業自身總體經營目標的意願，採取一種長期性合作與聯盟的經營方式。合併式聯盟分為完全合併聯盟和部分合併聯盟兩種，完全合併聯盟指合併後的原企業各自失去法律上的獨立性，組成更大規模的新企業，即以新的企業標誌、新的策略目標進行經營；部分合併聯盟指雙方原來的生產線、商標保持不變，合併後雙方互有依託，以節省成本，鞏固其在市場上的地位。

（二）互補式聯盟

互補式聯盟是指將相關企業各自的優勢方面聯合起來，既發揮各自的優勢，又與聯盟夥伴密切配合，共同以最佳服務來滿足客戶的需求。這類聯盟大多是在西歐、北美和日本這類發達市場經濟國家的企業之間結成的。他們為了應付全球性的競爭而在設計技術、加工過程和市場行銷服務方面進行技術、資金和人員等方面的相互補充與配合。他們的主要動機一是分攤產品開發與生產投資的成本；二是迅速、有效地進入目標市場國的市場行銷與分銷網路。

（三）專案式聯盟

項目式聯盟通常是指跨國企業為獲取高附加值及高科技領域發展而採取單個項目或多個項目合作的形式。

另外，國際策略聯盟根據跨國企業的策略目標來區分，有技術開發聯盟、合作生產聯盟、市場行銷與服務聯盟、多層次合作聯盟、單邊與多邊聯盟等形式；根據跨國企業參與合作的項目來區分，有研究開發策略聯盟、製造生產策略聯盟、聯合銷售策略聯盟和合資企業策略聯盟等形式。

二、國際策略聯盟的優勢

國際策略聯盟的優勢主要有以下五點：

①國際策略聯盟有利於縮短新產品的開發時間，分攤高昂的開發投資費用。企業之間進行聯盟，可以為雙方注入新的活力，為企業帶來新的技術信息，能縮短產品的研發時間，同時雙方可以分攤高昂的開發費用。

②國際策略聯盟有助於形成企業間的優勢互補。組成策略聯盟可以使企業專注於核心能力，做自己最擅長的業務，把其他業務交給合作企業來做，雙方形成優勢互補，增強企業競爭力。

③有利於減少經營風險，實行集團多元經營。新市場的開拓、新技術的開發和競爭的殘酷增加了經營風險，透過策略合作，可以使企業減少經營風險；競爭對手之間也可以結盟共同做大市場、開發新市場，從而避免兩敗俱傷，實現雙贏。

④有利於企業建立行業技術標準。在一些行業中，本企業的技術標準能否成為行業標準，對企業的競爭成敗起著關鍵性作用，企業間的策略聯盟可以幫助企業建立行業技術標準。

⑤國際策略聯盟可以使跨國企業以較低的成本得到高新技術和智慧庫、拓展產品種類和國際市場份額、分散風險以及找到理想的合作夥伴，因此，很多跨國公司採取國際策略聯盟這一形式。

＞＞＞

國際案例

寶潔與谷歌的另類行銷 "搭檔"

寶潔是一家美國消費日用品生產商，也是目前全球最大的日用品公司之一。谷歌是一家美國的跨國科技企業，致力於互聯網搜索、雲計算、廣告技術等領域，開發並提供大量基於互聯網的產品與服務。

寶潔公司的企業文化一向保守，員工們都戲稱自己為 "寶潔的呆瓜"；而谷歌卻隨處可見騎著公司提供的自行車，隨時在公共白板上表達創意、記錄靈感的員工。這對另類的 "搭檔" 認為他們可以互相取長補短，所以著手開展了一項互換員工的計畫。產生這樣的想法是由於當時寶潔公司全球市場官吉姆斯登格（Jim　Stengel）對公司有史以來最大的洗衣皂革新之一（改用高濃縮配方的小包裝瓶）表示出擔憂，因為新的洗衣皂推廣方案難以確定關鍵字，以便開展搜索行銷。如果沒有網上行銷方案，那些想弄清包裝為何縮小的汰漬用戶可能就無法訪問汰漬網站。作為全球最大的廣告主，寶潔公司意識到購買洗衣粉、衛生紙和護膚霜的新一代消費者如今花在網上的時間超過了看電視。而谷歌則希望在寶潔公司每年 87 億美元的廣告大餅中分享更大的份額。

　　寶潔公司在行銷創新方面有著悠久的歷史。早在 19 世紀末，寶潔公司就透過在從農村雜誌到宗教期刊的各類媒體上做廣告進行滲透宣傳，創建了美國最早的全國性品牌——象牙香皂。在此後的數十年裡，寶潔公司在電臺和電視上投放了大量廣告來影響女性受眾，"肥皂劇" 一詞由此得名。

　　但是在轉向網路媒體的過程中，寶潔公司到目前為止基本上是一個旁觀者。雖然寶潔公司沒有披露如何分配其廣告預算，但根據調查互聯網展示廣告的 TNS Media Intelligence 公司估計，寶潔公司的網上廣告只占其美國廣告預算的 2%。作為互換合作的一部分，2008 年 3 月，一群谷歌和寶潔公司的員工擠進了寶潔公司在辛辛那提總部的檔案室，研究汰漬品牌 62 年的歷史，這樣的活動是寶潔公司培訓未來品牌經理的一個重要組成部分。

　　汰漬是寶潔公司在北美最大的單一品牌，年銷售額大約為 35 億美元。研究寶潔公司歷史的埃德·瑞德（Ed Rider）告訴年輕的谷歌員工，汰漬是最早在電視直播中做廣告的產品之一。儘管年輕消費者已經轉向網路媒體，但寶潔公司的培訓課程清楚地表明，其行銷方法仍然偏重於電視。例如，其布料護理培訓課的大部分時間用來評論電視廣告。"觀眾花時間看這個廣告會得到回報嗎？" 時任寶潔公司高級主管的凱文·伯克（Kevin Burke）在播放了一條電視廣告後要求大家評論，馬上有許多人舉手表示質疑。

　　WPP 集團的媒體採購公司 "群邑互動世界"（GroupM Interaction Worldwide）首席執行官羅布·諾曼（Rob Norman）指出，高速互聯網接入的迅速擴展 "給市場行銷帶來了顛覆"。他解釋說，電視觀眾是被動的收看者，而線民則主動選擇想要瀏覽的內容，所以更加難以抓住他們。兩家公司已有大約幾十名員工花費數周時間參加了對方的員工培訓計畫和制訂業務計畫的會議。

> > >

案例

中國飲料行業競爭分析

飲料行業的競爭可謂硝煙四起，可口可樂、百事可樂、娃哈哈、雀巢、卡夫、加多寶等在中國市場形成一種激烈的競爭格局。我們從市場競爭者的角度來解析當前中國飲料市場的競爭。

1886 年在美國誕生的可口可樂無疑是飲料行業的領導者，它是最早進入中國的美國企業之一，其進入中國的歷史可追溯到 20 世紀 20 年代，1948 年中國成為美國本土之外第一個銷量突破 100 萬箱的市場。1949 年隨著美國大使館撤離，可口可樂退出中國市場。1979 年中美建交之後，可口可樂再度返回中國大陸市場。可口可樂在中國的產品系列主要包括：可口可樂、雪碧、健怡可口可樂、果粒橙果汁飲料、芬達、醒目、酷兒果汁飲料、冰露純淨水、茶研工坊等。作為市場領導者的可口可樂難免成為其他品牌的眾矢之的，為了保持自己的市場地位，可口可樂採取了應對策略。首先，在擴大總需求上採取開發新使用者、尋找產品的新用途和增加顧客的使用量的策略。可口可樂一直以來以碳酸飲料為主，近些年開始進入新的細分市場——果汁飲料、礦泉水等，這為它帶來了新的收益。其次，可口可樂為了保持市場份額採取的是陣地策略，圍繞主要的產品和業務建立堅固的防線，在產品、價格、通路和促銷方面採取策略來應對各個競爭者、挑戰者。公司在保持原有配方的基礎上不斷推出新的產品，例如冰露礦泉水，並且做足了廣告宣傳工作，每年投入大筆資金在廣告方面，並且費用逐年增加，取得了良好的效果。最後，可口可樂採用行銷組合來擴大市場份額，行銷組合是企業策略的一個重要方面，會直接影響企業的利潤。可口可樂公司一直以來都將大部分資金投入到了廣告之中，廣告標語也在不斷變化，體現著可口可樂品牌的魅力。

作為市場挑戰者的百事可樂創建於 1898 年，它在中國的歷史可以追溯到中國實行改革開放之初。1981 年，百事可樂與中國政府簽約並在深圳興建百事可樂灌裝廠，成為首批進入中國的美國商業合作夥伴之一。百事可樂比可口可樂誕生晚了 12 年，作為新的市場進入者，百事可樂對可口可樂構成了很大的威脅，現在，可口可樂的主要競爭對手之一就是百事可樂，百事可樂采取的競爭策略為正面進攻與側翼進攻。大規模的廣告進攻、廣泛的銷售網站、良好的聲響是百事可樂的正面進攻策略。百事的廣告攻勢非常激烈，每年都有新的廣告、新的廣告標語；另外，百事可樂採取融網上線上預訂、銷售、區域網路為一體的專題網站等方法。百事可樂採取的另外一個競爭策略是側翼進攻。在可樂市場競爭漸進入膠著狀態時，百事公司於 1998 年與世界鮮榨果汁行業排名第一的純品康納公司（Tropicana Products Inc.）合併。2000 年，百事公司將水果混合型飲料、能量飲料、乳品飲料、茶飲料和含有植物成分的 SoBe 飲料業務納入公司業務範圍，並開拓一系列新型飲料產品。在地理市場方面，百事公司於 1981 年在中國建廠。

卡夫與雀巢是市場的競爭者。在中國，卡夫食品於 1984 年成立卡夫天美食品（天津）有限公司，主要生產即溶 Tang 果珍。1985 年，卡夫食品在廣州成立又一合資企業——卡夫廣通食品有限公司，專門生產麥氏咖啡。卡夫主要採取側翼進攻、迂回進攻、全面進攻來爭奪市場。雀巢公司由亨利·內斯特萊（Henri Nestle）於 1867 年創建，是世界最大的食品製造商，也是最大的跨國公司之一。公司以生產巧克力棒和即溶咖啡聞名遐邇，目前擁有適合當地市場與文化的豐富的產品系列。雀巢採取側翼進攻策略進軍蛋白飲料市場，收購銀鷺食品 60% 的股份，意在拓展罐頭市場和蛋白飲料市場。雀巢採取迂回進攻策略進軍中國高檔冰淇淋市場，在完成了一系列冰淇淋企業的收購行動後，全球最大食品飲料公司瑞士雀巢公司已經一躍成為全球冰淇淋市場老大。

追隨者娃哈哈開創非常可樂，1998 年在中國可樂市場上尚缺乏國有品牌，為此，娃哈哈旗下的非常可樂開始沿著可口可樂這一前人的足跡順利進軍中國的飲料市場。娃哈哈採取距離追隨策略，在產品上，非常可樂對口味進行了改進，力求向可口可樂看齊又有所不同；在價格上，娃哈哈非常可樂系列以低於可口可樂 20% 的單價推出；在通路上，娃哈哈非常可樂利用原有的銷售通路，順利進入千家萬戶，並且成功避開了可口可樂城市中的直營銷售體系，二者行銷目標既有重合又有所差異。

加多寶作為市場補缺者提供不同的產品，從而在中國市場上打出了漂亮的一仗。加多寶主打的就是涼茶概念，一句 “怕上火，喝正宗涼茶！” 贏得了人們的喜愛。加多寶的行銷策略非常成功，廣告的勢頭猛烈，線下的通路、行銷促銷各方面都十分到位，這都是加多寶成功的因素。

中國飲料市場的其他品牌同樣在為爭奪市場份額而努力，企業對自己的定位不同，所採取的策略就不同。要在市場中佔有一定的地位，就需要企業根據自身所處的具體環境採取相應的策略。

第九章
國際市場行銷管道分析

文獻綜述

文獻綜述

在互聯網日益發達的今天，地球變成地球村，國家之間、城市之間、企業之間不再受到地域的限制，逐漸國際化。在商業貿易及經濟全球化的今天，無論是國內企業還是國際企業都要對行銷通路進行研究和策略規劃。關於國際市場行銷通路的研究最早可以追溯到 100 多年前。西方學者最早開始了關於行銷通路的研究，行銷理論研究的起源就是路易士·韋爾德（Louis Weld）（1916），最早稱行銷通路為 "通路"。20 世紀晚期，隨著社會的發展，西方學者逐漸認識到通路成員的相互關係是競爭與合作並存的。20 世紀 90 年代後期西方學者提出了關係行銷，進一步加深了對行銷通路的認識。

國內關於行銷通路的研究較晚。國內在借鑒西方學者對行銷通路的研究的理論基礎之上，聯繫中國市場的實際經驗，也有了一定的發現。如莊貴軍（2007）在中國企業的行銷通路研究中，透過分析私人關係在行銷通路中的影響和作用，指出中國企業行銷通路的發展方向。後來學者又根據行業和產品類型的不同，受所在市場環境的影響面臨的選擇也不同，提出與各個行業相適應的行銷通路策略。如才延伸研究汽車的行銷通路模式，盧萬強研究過視頻的行銷通路模式等。李睿（2009）提出通路管理結構扁平化和簡單化理論，為行銷通路的進一步研究提出了條件。總之，中國關於行銷通路的研究是在西方學者的理論基礎之上，結合中國實際國情及國際發展情況，提出更加具體化的觀點。

第一節　國際市場行銷通路概述

通路決策是企業的重大行銷決策之一，也是最複雜的行銷決策之一。隨著環境的日新月異、經濟的不斷快速發展，行銷體系也正在發生很大的變化。並且通路也是企業最重要的無形資產，是企業重要的融資通路，而且是成本最低廉的融資通路,同時它還具有共用性。顧客紮堆的地方有可能成為行銷通路,有確定目標人群的地方有可能成為行銷通路,有效的行銷工具有可能成為行銷通路,等等。

一、行銷通路的定義

關於行銷通路的定義,很多專家都提出了自己的看法。美國市場行銷學權威菲力浦科特勒(Philip Kotler)認為:"行銷通路是指某種貨物或勞務從生產者向消費者轉移時,取得這種貨物或勞務所有權或幫助轉移其所有權的所有企業或個人。"美國著名的通路專家羅森布羅姆(Rosen Brom)認為:"行銷通路是與公司外部關聯的、達到公司分銷目的的經營組織。"簡單地說,行銷通路就是商品和服務從生產者向消費者轉移過程中的具體通道或路徑。商品和勞務只有透過通路從生產者手中流轉到消費者手中才能成為現實的產品,其價值和使用價值才能得到實現。因此,行銷通路的選擇、建立與管理對企業來說非常重要。

二、國際市場行銷通路及其作用

國際市場行銷通路(International Marketing Channel)是指產品由一個國家的生產者流向國外最終消費者和使用者所經歷的路徑,是企業國際市場行銷 整體策略的一個重要組成部分。

(一)國際市場行銷通路的雙重含義

國際市場行銷通路有雙重含義:一是指企業進入國際市場的通路,即國家內的流通通路,分間接出口通路和直接出口通路兩類;二是指在外國國內的銷售通路,即在目標市場所在國如何確定銷售通路類型、通路模式、銷售策略和選擇中間商。

(二)國際市場行銷通路的作用

國際市場行銷通路作為行銷活動的一個重要組成部分,在企業經營活動中佔據主要地位。國際市場行銷通路作為產品經營活動的不可或缺元素,具有產品的集中與再分配、市場訊息的收集和回饋以及促進資金的流動的作用。

1. 產品的集中與再分配

中間商的最直接和最主要的作用就是將產品從製造商那裡集中起來,再根據客戶的具體要求將其進行重新包裝、組合和分配。並不是所有的公司都有能力和資源進行直接行銷,這就是中間商存在的價值和原因所在。即便是那些有能力建立自己的行銷通路的廠家,也可以借助中間商資源和其高度專業化的優勢擴大自己的市場覆蓋率。關於國際市場行銷通路,其不僅有利於產品的集中再分配,也有利於擴大國內的飽和市場,實現企業經濟規模擴大化。

2. 市場訊息的收集和回饋

在產品的流透過程中,各中間商可獲取有關客戶、市場和競爭者的資訊,透過收集整理並回饋給公司。產品銷售的中間通路是獲取資訊的便捷途徑,且信息量較大。

3. 資金的流動

國際市場行銷通路的最後一個重要作用就是實現了資金在通路中的流動,緩解了企業在資金方面的壓力。國際市場行銷通路的成功擴展必定會帶來企業利潤的增加和融資空間的擴大。圖 9-1 顯示了國際市場行銷通路存在的經濟效果,如果不使用中間商,3 個製造商和 3 個顧客之間將發生總共 9 次的交易行為,再加上聯繫比較,難以避免重複和浪費;而使用了中間商後,有效交易行為只有 6 次。

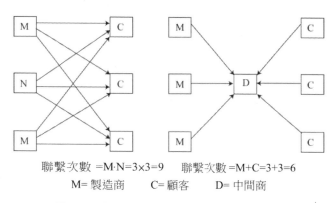

聯繫次數 =M·N=3×3=9　　聯繫次數 =M+C=3+3=6

M= 製造商　　　C= 顧客　　　D= 中間商

圖 9-1　國際市場行銷通路存在的經濟效果

在實際的交易行為中情況更為複雜,這是因為產品從製造商向最終顧客或用戶流動的過程中存在幾種物質或非物質形式的運動"流",通路則表現為這些"流"的載體。

第二節　國際市場行銷通路的分類

　　國際市場行銷通路的選擇和適用常常週期較長，有的行銷通路會使用幾年、十幾年，甚至幾十年。企業所選擇的行銷通路的類別將直接影響其行銷決策，可以說編織了企業內部經營活動的一張大網。因此在分析國際市場營銷通路選擇之前要瞭解行銷通路的分類。按照分類標準的不同，國際市場營銷通路可以分為很多種，主要有直接通路與間接通路、長通路與短通路、寬通路與窄通路、單通路和多通路四種類型。

一、直接通路與間接通路

　　按照企業的分銷活動是否有中間商參與，國際市場行銷通路可分為直接通路與間接通路。

（一）直接通路
　　直接通路也就是零通路，即製造商不透過任何中間商參與而直接將產品銷售給消費者或用戶。這種分銷通路主要用於產業市場的產品銷售。

（二）間接通路
　　間接通路是指產品從製造商向消費者或用戶轉移的過程中要經過一個或一個以上的中間商。這種分銷通路主要用於生活消費品的銷售。

二、長通路與短通路

　　按照從產品生產者到最終使用者所經歷的環節的多少，也就是通路層次的多少，國際市場行銷通路可分為長通路與短通路。一般把零級與一級稱為短 通路，而將二級或二級以上的通路稱為長通路。這種劃分有利於行銷人員集 中考慮對某些中間環節的取捨，形成長或短甚至長短結合的多通路策略。當企業決定採用間接分銷時，應對通路的長短作出決定。越短的分銷渠道,製造商承擔的銷售任務就越多,資訊傳遞就越快,銷售就越及時,就越能有效地控制通路。越長的分銷通路,中間商就越要承擔大部分銷售通路職能,資訊傳遞就越慢,流通時間就越長,製造商對通路的控制就越弱。製造商在決定分銷通路長短時,應綜合分析自身的特點、產品的特點、中間商的特點以及競爭者的特點。

三、寬通路與窄通路

按照通路中每個層次的同類中間商數目的多少國際市場行銷通路可分為寬通路與窄通路。如果一個層次上利用中間商很多,通常就稱之為寬通路;反之,就稱之為窄通路。一般來說,生產資料和少部分專業性較強或較貴重的消費品適合於窄通路銷售。這主要取決於企業希望產品在目標市場上擴散範圍的大小。根據產品類型由簡單到特殊、分配強度由低到高、中間商的數目由多到少,將分銷通路分為密集分銷、選擇性分銷和獨家分銷。其中,將密集分銷歸為寬通路,將選擇分銷和獨家分銷歸為窄通路。從這裡可以看出,通路的寬窄或中間商數目的多少在很大程度上取決於產品類型和特點。

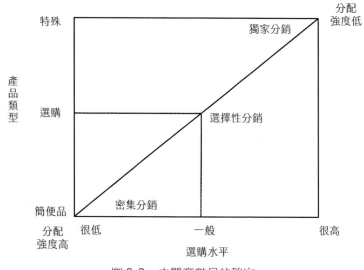

圖 9-2　中間商數目的確定

（一）寬通路

寬通路是指生產者經過多個同種類型的中間商把商品轉賣給消費者或用

戶的一種銷售通路。製造商廣泛利用中間商經銷自己的產品，充分利用場地，佔領盡可能多的市場供應點，以使產品有充分銷售的機會。該策略通常用於日用消費品和工業品中標準化、通用化程度較高的產品（如小件工具、標準件等）的行銷。這類產品的消費者在購買使用時注重的是迅速而又方便，而不太重視產品廠牌、商標等。這種策略的優點是產品與顧客接觸機會多、廣告的效果大，但製造商基本上無法控制這類通路，鼓勵和刺激中間商積極推銷本企業的產品一般還要負擔較高的促銷費用。如企業在國際行銷中選擇若干國家或地區的市場進行行銷活動，這幾個國家或地區就是並列存在的寬通路。

（二）窄通路

窄通路是指只使用幾個同類中間商銷售產品的行銷通路。製造商只在一定的市場上選用少數幾個有支付能力、有銷售經驗、有產品知識及推銷知識、信譽較好的中間商推銷本企業的產品。它適用於顧客需要在價格、品質、花色、款式等方面精心比較和挑選後才決定購買的產品。窄通路減少了製造商與中間商的接觸，有利於培養工商企業之間的合作關係，提高通路的運轉效率。

窄通路的一種特殊情況是獨家分銷策略，指製造商在一定的市場區域內僅選用一家經驗豐富、信譽卓著的中間商推銷本企業的產品。在這種情況下，雙方一般都簽訂合同，規定雙方的銷售許可權、利潤分配比例和費用分擔比例等。 這種策略主要適用於顧客挑選水準很高、十分重視品牌商標的特殊品，以及 需要現場動作表演和介紹使用方法的機械產品。這種行銷策略易於控制市場 的行銷價格，提高中間商的積極性和推銷效率。獨家行銷通路的缺點是過於 依賴中間商，選擇一個合適的中間商十分困難，若選擇不當或有突發情況可 能會完全失去市場，且消費者幾乎完全由中間商接觸，有可能會失去潛在消 費者。

四、單通路和多通路

按照製造商企業所採用的通路類型的多少可以將國際市場行銷通路分為單通路和多通路。需要注意的是單通路和多通路與寬通路和窄通路不同，後者是根據同層次同環節的行銷通路多少進行的分類，前者是根據通路的類型分類，與通路數量無關。

（一）單通路

單通路是指製造商採用同一類型通路對企業產品進行行銷的策略。單渠道通路比較單一，但是由於是同類型行銷通路，在管理控制上有一定優勢。通常是企業產品或服務指向某一類目標人群或是目標人群的必需品的時候，採取單通路行銷。

（二）多通路

多通路是指製造商根據不同層次或地區消費者的情況，選用不同類型的行銷通路。通常快消品行業以及產品銷量大、目標人群多且複雜等情況下采取多通路行銷策略。如寶潔（P&G）公司在世界各國和地區進行行銷通路設計時，會根據各地區的社會文化環境、消費者特徵及不同類型產品的特性進行大面積的行銷通路鋪展。

第三節　國際市場行銷通路的選擇與管理

行銷通路管理是企業透過對現有通路的管理來達到行銷目標，以保證企業和通路成員以及通路成員之間協調合作的各種活動。其意義在於謀求最大化的長遠利益。忽視通路策略，企業將喪失競爭優勢。因此企業必須對行銷通路進行管理，包括在必要時的調整和創新。

國際企業大的方面的通路管理主要內容包括：給眾多目標市場進行行銷通路的匹配，以選出合適的組合或決定取捨；對細分後的目標市場進行行銷通路及產品的調整；優化、改善已存在的行銷通路，等等。對通路進行管理的具體內容包括：供貨管理；對經銷商的廣告、促銷的支援；對經銷商提高產品服務水準方面的支援，包括產品損壞、顧客投訴、退貨等問題的處理；對經銷商的訂貨的處理、結算的處理及培訓等方面。對企業來說，有效的渠道管理應掌握通路控制權、成為通路系統中的"領袖"、正確地進行通路成員的選擇、有效地控制或充分利用通路成員的衝突或合作、對通路成員進行有效的激勵與控制等。

一、影響國際市場行銷通路選擇的因素

企業在進行國際市場行銷通路選擇時，要綜合考慮通路目標和各種限制因素或影響因素。

（一）市場因素

影響國際市場行銷通路選擇的市場因素包含目標市場和顧客集中程度兩個因素。如果目標市場範圍大，通路則較長；反之，通路則短些。如果顧客分散，宜採用長而寬的通路；反之，宜用短而窄的通路。

（二）產品因素

在影響國際市場行銷通路選擇的眾多因素中，一個重要的甚至有決定作用的因素就是產品。如果產品易毀或易腐或單價高，可採用短通路或直接渠道；反之，則採用間接促銷通路。通常體積大而重的產品應選擇短通路，體積小而輕的產品採用間接銷售，但這也不是常態，一些大的需要進口的工業設備會忽略這個因素。技術複雜需要安裝及維修服務的產品大多採用直接銷售；反之，則選擇間接銷售。

（三）生產企業本身的因素

生產企業實力強弱是影響國際市場行銷通路選擇的因素之一，生產企業實力主要包括人力、物力、財力等，如果生產企業實力強、管理能力強，則通常選擇建立自己的行銷通路網實行直接銷售；反之，則選擇間接行銷通路推銷產品。特種行業，如煙酒行業，要受到政府有關立法及政策規定的限制，如專賣制度、反壟斷法、進出口規定、稅法等，又如稅收政策、價格政策等，這些因素都影響企業對行銷通路的選擇。競爭者使用的行銷通路也可能影響企業行銷通路的選擇，如有的企業可能會進入競爭者分銷通路，欲與競爭者直接競爭；而有的企業可能會避開競爭者的行銷通路。

二、國際市場行銷通路的評估與選擇

國際市場行銷通路往往會有多種，選出一個最為合適的行銷通路尤為重要，這時候就要對幾種行銷通路進行評估了。

（一）國際市場行銷通路的評估

國際市場行銷通路方案確定後，生產廠家就要根據各種備選方案進行評估，找出最優的通路路線。通常通路評估的標準有三個：經濟性、可控性和適應性，其中最重要的是經濟性標準。

1.經濟性

經濟性主要是比較每個方案可能達到的銷售額及費用水準，以使企業獲得最大利益，或是利用最少的資本獲取最大收益。

2.可控性

一般來說，採用中間商進行行銷可控性較小，企業直接銷售可控性較大；行銷通路長的可控性難度大，行銷通路短的可控性難度小。根據可控性在企業行銷通路方案評估中占比大小，對各種方案進行全面比較、權衡，選擇最優方案。

3.適應性

適應性也是國際市場行銷通路評估的重要標準之一，如行銷通路是否適應製造商產品的特色和性能，是否適應所行銷市場的政治法律、社會文化環境。

（二）國際市場行銷通路的選擇

國際市場行銷通路的選擇，不僅要求保證產品及時到達目標市場，而且要求選擇的行銷通路銷售效率高，銷售費用少，能取得最佳的經濟效益，因此，企業進行國際市場行銷通路選擇前，必須綜合分析自身的策略目標、行銷組合策略以及其他影響國際市場行銷通路選擇的因素，然後再作出某些相關決策，如是否採用中間商，行銷通路的長短、寬窄，具體通路成員等。

1.是否選擇中間商

關於是否採用中間商，決策依據是瞭解中間商的優劣勢，中間商的介入是否給製造商以及社會帶來很大的好處，如銷售及時、節約費用、加強推銷、提供服務、控制價格、瞭解市場等。對合格的中間商的鑒定包括經營年數、經驗、償付能力、信用等級等。如果中間商是代理商，企業要評估其所經銷的其他產品的數量和特徵及其推銷能力。如果中間商是零售商，企業需要評估其店鋪的位置、未來成長的潛力和客戶類型。

2.根據行業或產品性質

事實上，對於生產量大、銷售面廣、顧客分散的產品（如啤酒、香煙等），任何企業都沒有能力將其送到每一個消費者手中，即使能送到也是不經濟的，因此這些企業只能選擇間接銷售通路。一般來講，大宗原材料用戶數量較少但購買量很大，購買次數少，適合採用直接通路行銷，大多數生活資料宜采用間接通路行銷。

3. 根據企業自身發展情況

在進行國際市場行銷通路選擇時，企業自身的行銷能力、財務狀況等也必須考慮在內。例如，有的企業產品從市場角度進行分析，應該採用直接渠道行銷，然而企業自身的銷售力量過於薄弱或財務收支不利，建議只能選用間接銷售通路。

三、國際市場行銷通路的管理

企業在確定了國際市場行銷通路及相關策略之後，為保證後續經營能順利及有效地展開，還應及時對中間商進行激勵和評估。同時，隨著時間的推移，為滿足企業發展活動新要求和市場變更的需要，還要對國際市場行銷渠道作適當調整。在實際工作中，企業對於國際市場行銷通路的管理多為將渠道成員透過一體化策略發展成整合行銷通路，若方式得當，通常會得到更多的通路優勢，使得企業獲得更好的發展和收穫更多的利益。

（一）對通路成員的激勵

在企業運營當中，要經常對通路成員進行激勵，以促使其盡全力開發市場。企業的通路政策當中提供了若干激勵因素，但還要瞭解中間商的不同需求和欲望，以監督和鼓勵其有更為優異的表現。對於通路成員的激勵包括三個方面。

1. 合作

生產企業要採用積極的激勵手段，如給較高利潤或分成、給予津貼或特殊照顧等，提高通路成員的積極性和主動性。當然，根據鬆弛有度的原則，對於通路成員偶爾也應採用消極的"鼓勵"方式，如提出某種要求若達不到則減少利潤、推遲交貨、終止關係等，但這種方式的使用一定要謹慎，掌握好度。

2. 合夥

生產者與通路成員在銷售區域、產品供應、市場開發、財務要求、市場訊息、技術指導、售後服務等方面彼此合作，讓通路成員更多地參與到企業的經營活動中來，使其有合夥人的感受，使其在企業行銷上付出更多的努力。

3. 行銷規劃

行銷規劃堪稱激勵行銷通路成員最先進的方法。具體做法是將生產者與中間商的需要結合起來，在企業行銷部門內設一個行銷規劃部，同行銷通路成員共同規劃行銷目標、存貨水準、場地及形象化管理計畫、人員推銷、廣告及促銷計畫等。

（二）通路調整

公司不能僅僅滿足於設計一個良好的國際市場行銷通路系統，因為隨著時間的推移，不僅外部市場環境、社會環境和消費者等在發生改變，公司的發展也會使得公司內部的一些設置變得不合時宜。因此，國際市場行銷通路系統還要定期進行改進和調整以適應各種變化。當然進行國際市場行銷通路調整通常不經常改變整體策略，否則容易使企業的行銷活動產生混亂。進行國際市場行銷通路調整時要根據企業的需要進行產品外觀設置或改進等以及對行銷通路成員或行銷通路的一些基本情況進行調整。

＞＞＞

案例

航空公司客運市場行銷通路調整策略研究

航空運輸業的發展與經濟、旅遊、商務活動等有著密切的關聯。隨著社會經濟的發展，中國民航市場也迅速發展起來。中國民航局發佈的《2013年民航行業發展統計公報》顯示，2013年全行業完成運輸總周轉量671.72億噸公里，比上年增加61.40億噸公里，增長10.1%，其中旅客周轉量501.43億噸公里，比上年增加55.00億噸公里，增長12.3%。

但近年來中國民航業對外受到了國外航空公司的衝擊，對內遭受了鐵路和公路的強大競爭。為防止客源流失，擴大市場份額，各家航空公司往往采取削價、折扣、返點等方式，導致更多的利潤流向代理銷售環節，通路銷售成本大大增加，而消費終端的旅客卻未真正受益。處於激烈競爭之中的航空公司客運市場行銷通路管理滯後的現狀嚴重影響了其市場競爭力。為保證航空公司客運市場持續、健康、快速地發展，要採取一系列改進措施和調整策略，積極改進行銷方式，完善行銷通路。

航空公司銷售通路

航空公司銷售通路是指航空公司將機票銷售給旅客經歷的整個通道。航空公司的銷售通路分為直接銷售和間接銷售。

直接銷售就是由航空公司直接把機票銷售給終端消費者，簡稱直銷，渠道包括航空公司直屬售票處、客服電話和網路。透過直銷通路銷售，航空公司可以直接面對旅客，並且不需要支付給中間商代理費，能夠節約分銷成本，但需要投入大量的人力和財力，並要承擔全部銷售風險。因此航空公司不可能完全透過直銷通路進行銷售。

間接銷售就是航空公司透過協力廠商進行機票銷售，包括航空代理商、旅行社、線上銷售商以及其他航空公司的售票處，簡稱分銷。分銷可以擴大航空公司的產品銷售的廣度和深度，為旅客提供了便捷，但航空公司需要向分銷通路支付高額的代理費和獎勵費，也不利於航空公司對通路的管理。目前，基本上所有航空公司在建立自己的銷售機構進行直銷以外，還透過分銷網路進行銷售。

根據中國《2013年民航行業發展統計公報》，截至2013年年底，中國共有運輸航空公司46家，按不同所有制類別劃分：國有控股公司36家，民營和民營控股公司10家；全部運輸航空公司中：全貨運航空公司7家，中外合資航空公司13家，上市公司5家。由於中國民航業市場規制長期弱化以及各公司航空產品同質化現象嚴重，國內各航空公司之間的競爭日趨激烈，通路競爭更是無序。中國航空客運銷售代理人規模很大，航空客運銷售代理的市場機制逐步顯現，它不僅推動了航空客票銷售，也導致了業內競爭的加劇。

中國航空公司客運市場行銷通路經過多年的發展、變革，在移動電子商務、社會化媒體蓬勃發展的時代特徵下，形成了多樣化機票行銷通路並存的狀態：傳統代理商優勢不再，雖然仍然佔有銷售額的大頭，但比重逐漸降低，紛紛開始轉型甚至退出；航空公司直銷則借助新技術、新媒體進一步擴大份額；一些以旅行集成代理為主要商業模式的新型代理商如攜程、藝龍等強勢崛起；無線端機票預訂的占比將穩步提升；一些B2C電子商務平臺如淘寶也借勢插足機票分銷；某些具有特定通路優勢的其他企業如銀行、中國郵政等也開始接受機票分銷業務。於是，形成了目前多樣化的混合通路模式（見表9-1）。

表 9-1　典型機票銷售通路及運營特徵

典型通路	主要類型	通路特徵
傳統通路	大型機票批發商 中小機票代理人 出入境旅行社及國內組團社 差旅管理公司（運通 /FESCO 等）	以企業用戶及包機業務為主，ARPU（Average Revenue Per User，用戶平均消費值）較高但品牌忠誠度、市場份額下降
航空直銷	航空公司營業部櫃檯、航空公司官網及移動應用 APP（Application，第三方應用程式） 自助售票終端及航空公司呼叫中心等	以服務散客及航空公司大客戶為主，市場份額緩慢上升
OTA（Online Tourism Agency，線上旅遊電子商務）通路	攜程 / 騰邦國際 / 藝龍等 號百資訊 /12580/116114 等 獨立手機用戶端 京東、蘇甯易購等綜合電商平臺	以服務散客為主，強調服務高質量及接入多通路，領先的品牌影響力推動市場份額上升
行銷通路	平臺網站（淘寶 / 酷訊等） 銀行客戶通路（招行 / 中信銀行等） 中國郵政等特殊通路	>>> 品及服務佔領使用者，市場份額現快速上升態勢

資料來源：根據勁旅諮詢《2012 中國主要線上旅行商機票業務市場研究報告》、《2013 年中國線上機票市場研究報告》整理。

目前大陸航空公司客運市場行銷通路存在的問題

　　雖然各航空公司一直比較重視行銷工作，投入不少資源，但由於存在三大航（中航、東航、南航）相對壟斷的優勢地位，因此在行銷通路管理方面一直存在創新不足、管理落後等問題。具體表現在以下幾個方面：

　　第一，行銷通路的設計落伍於市場需求的變化與發展，缺乏有效的目標市場細分。行銷通路作為一種傳遞顧客價值的特殊產品，也像其他產品與服務一樣，需要針對目標市場的需求及其購買行為特徵而設計。尤其是三大航，其規模大、資源實力雄厚，但其目標市場廣泛，定位於為市場上各種旅客提供服務，其結果是基本上為全部旅客提供差別不大的產品和服務；同時，滿足顧客需求本末倒置，將過度的精力成本投入到目標顧客的衍生需求上，而忽視了目標顧客的基本需求。也由於航空公司一直以來是高度管制的行業，在市場導向方面落伍於其他競爭性行業。

　　第二，對代理人過分依賴，代理費居高不下。部分區域的機票銷售由於不能建立直接銷售點，而其區域的消費模式又趨向於在代理處購買機票等傳統通路，因此航空公司變得對代理人過分依賴，促使代理費居高不下，造成公司成本過大。一般來說航空公司按 3% 的比例向銷售代理人支付代理手續費，但航空運輸業是高投入、低收益行業，3% 的銷售代理費看似小卻已成為占航空公司收益比重很大的一筆支出。特別是近幾年，民航的快速發展，加上運力過剩等客觀原因，像海南航空、山東航空等成立相對較晚的航空公司，為了爭取更多的市場份額，廣泛發展社會代理人，帶來了不少問題。其中最主要的問題是航空公司行銷通路受制於代理人，有相當部分銷售利潤被代理人拿走，而且對代理人缺乏有效的監督、管理、激勵。

第三，傳統的行銷通路不能滿足需求。隨著經濟的發展、人們生活水準的提高，現有的傳統銷售代理人分銷通路已滿足不了人們對購票的便捷、公正、安全的需要。加上終端消費者對機票銷售代理一直存在怨言，例如虛假訂座、價格的不公開、資訊的不透明、提供售後服務的局限性、"散沖團"暗箱操作等。許多消費者已經意識到購買機票中的暗扣問題，通常他們對這種不規範的操作產生敵視情緒。

第四，直銷通路與分銷通路的關係不和諧。自 20 世紀 80 年代以後，渠道成員之間的關係管理就成為行銷通路管理的核心工作。雖然目前形成了混合通路的模式，但是在混合通路管理方面卻一直處在被動適應狀態，而沒有主動管理使之成為有機協調的混合通路。具體表現在：在傳統代理商逐漸式微的時候，沒有積極推動其轉型；無視攜程等大型線上旅行商的崛起與壯大，將自己和攜程等的關係看成是競爭關係而非合作關係，導致關係管理落後於關係的演進狀態；從目前投產情況來看，B2C 通路的收益品質相對分銷通路而言也仍處於弱勢；航班監控不能及時到位，航班監控人員對於航線的敏感度不如分銷商；在比價網站上山航網站價格有時仍然高於代理網站價格。

航空公司客運市場行銷通路的調整策略

根據上面對大陸航空公司客運市場行銷通路存在的問題的分析，下面論證其調整策略。

第一，在對目標市場細分的基礎上，重新設計行銷通路。在市場細分層面，無論是把旅客分成頭等艙、商務艙和經濟艙的傳統做法，還是 2009 年之後基本上分為 B2C 和 B2B 兩大塊的方法，都不足以描述目前的中國航空客運市場，屬於先驗式的細分。對此，可以採用學術界已有的後驗式的細分方法。如張文欣（2009）關於常旅客市場的細分研究，提出根據當前價值和潛在價值進行綜合估計，得出了四類人群（重要保持客戶、重要發展客戶、重要挽留客戶和一般客戶價值及低價值客戶等）。因此，未來的行銷通路設計有必要引入以顧客價值為基礎的細分方法，因為通路管理的核心是和交易夥伴之間的關係管理，而關係管理的基礎則是客戶價值。無論是在 B2C 還是在 B2B 的情形下，都可以運用上述價值細分的方式採用不同的通路策略，展開相應的通路管理。

第二，加強對代理商的有效管理和監督，同時進行直銷通路整合。為了減少對代理商的依賴及控制成本，要堅持最少的環節、最省的費用和最有效管理的原則，實現多通路銷售。對於代理商可以重點考察其誠信度、服務水平、產品策略、促銷能力、資質、經營管理能力等。根據區域市場上的"二八"定律，即大約 80% 的代理市場份額被 20% 的代理商瓜分，航空公司針對區域市場上 20% 的明星級代理商，除了正常的銷售代理關係外，還可以尋求其他的合作模式，以鞏固和提高市場份額。另外，必要時甚至完全拋棄旅行代理商，比如春秋航空公司的做法。在加強對代理商管理的同時，致力於整合和強化自身的直銷網路，使消費者不再只依靠代理機構而可直接向航空公司訂票。進一步加大直銷力度，適度擴展一體化直銷通路，整合呼叫中心、網站、常旅客、各地營業部和售票處，致力於為消費者出行提供一攬子解決方案，使之成為一個涵蓋機票、酒店、自由行、其他會員延伸服務，同時涵蓋基於會員資料庫行銷功能的綜合型服務商。還可以建立通路成員之間的信任機制，以最終提高行銷通路的效率。

第三，以互聯網和移動互聯網引領通路創新，透過電子商務擴大直銷渠道。雖然代理商具有便捷、面廣、收效快的優勢，但在技術變革、媒體變型的市場環境下運用社交媒體和移動互聯等方式展開新型客戶關係才是大勢所趨。目前新的通路，包括呼叫中心、手機網站、互聯網網站、飛信、微博、微信等，從售票到相關的服務系統甚至旅客的管理，都已涵蓋，借此應該及時將本公司的產品精確告知行銷物件並與之互動、獲得回饋，同時降低行銷成本。從三大航到海航、山航再到祥鵬、春秋、吉祥等航空公司，幾乎都已開發了 APP 移動應用，因此接下來的重點並不在於理念多新、技術手段多強，而在於行銷整合的能力，應當可以在上面訂票、買票、支付、值機，並包括一些服務旅客的功能，這需要進行大量的整合，而且以上行銷通路需要一個整體的整合規劃，推進普及，形成顧客認知，提供更差異化、高效率的直銷服務。

第四，加強行銷通路之間的關係管理。為了使通路成員之間的競爭和合作行為得到可以預期的管理和控制，從而減少成員之間的摩擦和衝突，應在未來通路的管理中設立各種協調和管理成員之間關係的規範、規則等，以此使通路成員之間的矛盾和摩擦減少到最低程度，同時加強與通路成員之間的對話與溝通，嘗試共同解決行銷難題，不斷在合作的基礎上調整自己的行為以適應雙方之間的關係及其變化，從而建立通路成員之間的信任機制，以最終提高行銷通路的效率。另外，視每一種通路的性質和重要性，選擇多元化的通路治理形式，以適應當前混合通路模式的運行。除了擴大直銷通路之外，應當使之與 OTA 建立高度緊密的通路聯盟關係，與機票銷售平臺建立較為緊密的聯盟關係，與傳統通路保持鬆散的聯盟關係。

> > >

案例

Apple 中間通路或被棄

以往，Apple 的中國經銷商拿貨是經由方正世紀、佳傑科技、翰林匯、長虹佳華四家大國代商，或者是從部分優質經銷商處拿貨。但從 2013 年開始，原先的四大國代商，逐漸被 Apple 取消了總代資格，或者主動退出了分銷生意。取而代之的是，Apple 開始轉而扶持優質經銷商、線下直營門店等垂直通路。原先的國代商，變成了天音、愛施德、神州數碼、中郵普泰等十二家只直接面向零售 / 行業客戶的授權經銷商，這讓中關村的經銷商提貨成了難題，也就出現了向協力廠商公司交訂金排隊等貨的怪像。

與 Apple 大大小小的通路商相同，隨著 Apple 不斷扶持自營通路，以往出貨量最大的運營商通路，已經感受到了切膚之痛。此前，在 Apple 中國區的供貨版圖中，移動、聯通、電信三家運營商分別佔據 30%、20%、10% 的份額，三家幾乎拿下了中國區六成以上市場，並且機器是由 Apple 獨家專供的定制機。但在 iPhone 6 時代，只有移動因 4G 制式不同延續了定制模式，由其終端公司率先集采了一批定制機（不支持 CDMA、WCDMA）。但聯通和電信採用的是全網通制式版本，屬於全球通盤供貨通路——不僅要供給運營商，也同時供應給優質經銷商、門店、電商等通路。缺乏了定制的獨家專供，運營商通路在採購時，只能和社會經銷商一起等待 Apple 的庫存調配。

事實上，目前 Apple 已經在全國建立起了一個更加扁平化的龐大銷售網路：截至 2014 年年底，Apple 在全國開設了 20 家直營門店，同時扶持起了 41 家教育通路經銷商、12 家授權經銷商、49 家優質經銷商、13 家行業客戶（IT 集成方案）經銷商和 125 家校園體驗店。顯而易見，Apple 在中國市場正在發起一場"去通路化"的運動。多家 Apple 授權經銷商表示，現在經銷商在 Apple 內部的分貨權已經大幅下降，反倒是 Apple 的零售端被寄予厚望，像 iPhone 6（64G、128G）等緊俏產品，每次國內到貨後都會優先供給 Apple 自家的直營門店、Apple Store 電商平臺、線下零售通路等。

　　有人士稱，總代理、通路是 Apple 中國特有的模式，但它現在在向歐美直營模式調整，大力扶持線下零售商，以後要把中間通路徹底砍掉。最多再過幾年，Apple 在中國就不需要任何通路商了。

資料來源：http://www.yingxiao360.com/htm/201519/13821.htm（編者有刪節）

第十章
國際市場電子商務分析

文獻綜述

文獻綜述

電子商務這一概念出現於 20 世紀 90 年代，根據世界貿易組織電子商務專題報告的定義，電子商務是指透過電信網路進行的生產、行銷、銷售和流通等商務活動，它不僅是指基於網際網路平臺的交易，而且指所有利用電子信息技術來解決問題、降低成本、增加價值和創造商機的商務活動。電子商務是一種以網際網路為平臺、以交易雙方為主體、以銀行的電子支付和結算為手段、以客戶資料為依託的全新商務模式。

陳美萍（2011）指出，電子商務對國際貿易的影響主要有：電子商務催生了新的企業形態，推動了無國界全球化大市場的形成，更新了國際貿易交易手段，但是同時也增加了國際貿易中的風險。

趙麗（2011）指出，電子商務降低了交易成本，提高了國際貿易的效率；虛擬市場的出現改變了國際貿易模式，無紙化的交易簡化了國際貿易的手續。

張倩、王敏聰（2011）指出，電子商務是一種以電子資料交換和網上交易為主要內容的全新商務模式。其體現的開放性、全球性、地域性、低成本和高效率等特徵，在符合商業經濟內在要求的同時，還使其超越了作為一種新的貿易形式所具有的價值。因此，他們認為，電子商務不僅改變了企業本身的生產、經營、管理，而且對傳統的貿易方式帶來了衝擊。最明顯的標誌是增加了貿易機會、降低了貿易成本、提高了貿易效益。電子商務在帶動經濟結構變革的同時，對整個現代經濟生活產生了重大影響。

電子商務在發展中也存在許多問題，安全問題一直是制約著電子商務發展的一大因素。弗萊格（Charles P. Pfleeger，Shari Lawrence Dfleeger）（2007）指出，電子商務交易活動中雙方面臨的威脅主要有：資訊洩露、資訊篡改、身份識別、電腦病毒、駭客問題等。

王俊傑（2007）認為電子商務的安全問題主要表現在系統安全和資訊安全兩個方面。系統安全問題主要表現在系統被入侵、被破壞、被各種病毒感染等，這些問題導致系統拒絕服務或中斷，並且能破壞系統的有效性，其中最讓人防不勝防的是駭客攻擊，世界上不少大公司深受其害。資訊安全問題

主要表現為竊聽資訊、資訊被篡改與丟失、資訊否認、資訊偽造、資訊不對
稱等,其中最為常見的是竊取資訊。

第一節　國際電子商務發展概述

20 世紀 40 年代電子電腦的發明使人們逐漸擺脫了人力、物力、財力
和時間的束縛,資訊技術的進步使人們可以完成更加複雜的任務。1969 年互
聯網出現,漸漸地改變著我們生活的環境。在 21 世紀的網路資訊時代,電子
商務將個人、企業、組織機構、政府等整合在一起,它的發展正改變著我們
的生活方式。

一、電子商務的概念及分類

對於電子商務的概念及分類,不同學者有不同的看法,我們列出一些學
者對電子商務的定義,在此基礎上提出對電子商務的理解,並根據不同的劃
分物件對電子商務進行分類。

(一)電子商務的概念

OECD(聯合國經濟合作和發展組織)認為,電子商務是透過數位通信進
行的商品和服務的買賣以及資金的轉帳,包括 e-mail、檔案傳輸、傳真、電
視會議和遠端電腦聯網所能實現的全部功能。

GIIC(全球資訊基礎設施委員會)的電子商務工作委員會認為,電子商
務是運用電子通信作為手段的經濟活動,透過這種方式人們可以對帶有經濟
價值的產品進行宣傳、購買和結算。這種交易的方式不受地理位置、資金多
少或零售通路的所有權影響。公有、私有企業、公司,政府組織,各種社會
團體,一般公民和企業家都能自由地參加其廣泛的經濟活動,其中包括各行
各業及政府的服務業。電子商務能使產品在世界範圍內交易並向消費者提供
各種各樣的選擇。

歐洲議會認為電子商務是透過電子方式進行的商業活動,它主要包括 12
個方面:資料傳遞(文本、聲音、圖像等)、電子貿易和服務、線上資料傳遞、

電子資金劃撥、電子證券交易、電子貨運單證、商業拍賣、合作設計和工程、線上資料、公共產品獲得、傳統活動（健身和教育等）、新型活動（虛擬購物和虛擬訓練等）。

2002 年現代管理學之父彼得杜拉克（Peter Drucker）對電子商務有過一段敘述：互聯網革命所帶來的翻天覆地的變化就是電子商務。互聯網迅速滲透到各個角落，它已經成為或終將成為商品、服務甚至管理工作和各種專業技能的全球配送通路。電子商務正在從根本上改變全球的經濟，改變市場及行業結構，改變產品、服務以及它們的配送形式，改變消費行為和客戶價值，改變勞動形式以及勞動力市場。互聯網將更多地影響我們的政治和整個社會，影響我們觀察周圍的世界以及世界上形形色色的人們的方式。

綜合以上觀點，我們可以看出，電子商務是在全球各地廣泛的商業貿易活動中，在網際網路開放的環境下，實現買賣、交換、配送、服務的過程。雖 然電子商務在各國各領域有著不同的定義，但其核心是一種依靠電子設備和 網路技術進行的商業模式。隨著網路技術的發展，電子商務的內涵已經發生 了變化，不僅以購物為主要形式，還包括物流配送等附帶服務。電子商務包括電子錢交換、供應鏈管理、電子交易市場、網路行銷、線上交易處理、 電子資料交換（EDI）、存貨管理和自動資料收集系統。

電子商務的形成與交易離不開三方面的關係：交易平臺、平臺經營者和站內經營者。交易平臺是在商務活動中為交易雙方或多方提供交易撮合及相關服務的資訊網路系統的總和；平臺經營者是在工商行政管理部門登記註冊並領取營業執照、從事協力廠商交易平臺運營並為交易雙方提供服務的自然人、 法人和其他組織；站內經營者是在電子商務交易平臺上從事交易及有關服務 活動的自然人、法人和其他組織。

（二）電子商務的分類

本書從交易對象、支付發生情況、商務活動的內容、使用網路的類型幾個方面來對電子商務進行劃分。圖 10-1 是電子商務按照不同分類依據所劃分的不同類型。

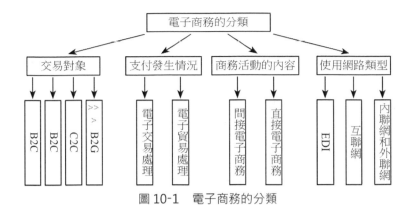

圖 10-1　電子商務的分類

　　①按照交易對象，電子商務可以分為四種類型：企業與消費者之間的電子商務，即 B2C（Business to Consumer）；企業與企業之間的電子商務，即 B2B（Business to Business）；消費者與消費者之間的電子商務，即 C2C（Consumer to Consumer）；企業與政府之間的電子商務，即 B2G（Business to Government）。

　　②按照支付發生情況劃分，電子商務可以分為電子交易處理和電子貿易處理。電子交易處理的應用如網上報稅、網上辦公等，電子貿易處理的應用如網上購物、網上交費等。

　　③按照商務活動的內容分類，電子商務主要包括兩類商業活動：一是間接電子商務——有形貨物的電子訂貨，這類商業活動需要利用物流系統，將貨物運送到消費者手中；二是直接電子商務——無形貨物和服務，如電腦 軟體、數碼產品、娛樂內容的網上訂購、付款和交付等屬於間接的電子商務。

　　④按照使用網路類型分類，電子商務目前主要有三種形式：第一種形式是應用於企業與企業、企業與批發商、批發商與零售商之間的商務，即 EDI（Data Interchange，電子資料交換）商務；第二種形式是以資訊技術為基礎，透過互聯網路，在網上實現行銷、購物的互聯網（Internet）商務，它是國際現代商業的最新形式；第三種形式是 Intranet（內聯網）商務和 Extranet（外聯網）商務。Intranet 是在 Internet 基礎上發展起來的企業內部網，或稱內聯網。Intranet 將大、中型企業總部和分佈在各地的分支機構及企業內部有關部門的各種資訊透過網路予以聯通，在 Intranet 商務的基礎上，兩個或多個 Intranet 使用者可以根據需要透過 Extranet（外聯網）聯結，使業務的上下游結合通暢，提高交易效率。

二、電子商務與國際貿易

電子商務的興起引發了國際貿易領域的一場深刻的商業革命，在這場變革中，世界市場結構發生了調整、國際貿易方式也發生了深刻的變化，這種變革對每一個國家都產生了巨大的影響。由於這種新興的貿易方式為國際貿易的發展提供了更為便捷的手段和工具，因此電子商務在國際貿易中所扮演的角色越來越重要。如圖 10-2 所示，我們可以看到電子商務在全球貿易中所占的份額正在逐漸升高，從圖中的趨勢可以看出，電子商務在國際貿易中將會成為越來越重要的手段。

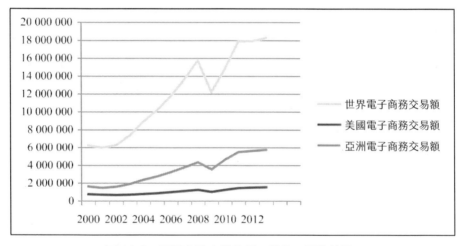

圖 10-2　電子商務交易總額（單位：百萬美元）
資料來源：WTO 資料庫

（一）電子商務的優勢

電子商務對國際貿易的作用越來越明顯，這是因為電子商務比傳統的國際貿易運作方式更加有優勢，這些優勢主要有：

1. 電子商務使得交易效率顯著提高

傳統的貿易方式需要消耗大量的人力、物力和時間來形成、修改與傳遞紙面檔。然而，利用電子商務開展國際貿易，可以使買賣雙方採用標準化、電子化的格式合同、提單、保險憑證、發票和匯票、信用證等。這種方式使各種相關單證在網上實現瞬間傳遞，大大節省了單證的傳輸時間，而且有效地減少了因紙面單證中資料重複錄入所導致的各種錯誤，對提高交易效率的作用十分明顯。

2. 電子商務使得貿易成本大大降低

國際貿易成本主要有搜尋成本、協議成本、訂約成本、監督成本、違約成本，利用電子商務可以節省人力、物力的投入。國際貿易的單證數量繁多，處理費用高昂，利用電子商務可以節省大約 90% 左右的檔處理費，又可節省利息開支，成本優勢十分顯著。

3. 電子商務的運作時間沒有限制，可以提高客戶的滿意度

世界各地存在時差使得國際商務談判變得十分不方便，而電子商務卻可以做到 24 小時服務，為世界各地的客戶隨時提供與企業相關的商務資訊。如果客戶對得到的資訊表示不滿意，則可以透過郵件以及線上對話等方式對企業進行提問，並可以得到企業相應的答覆。電子商務全天候、不間斷運作使全球範圍內的客戶可以隨時得到所需的資訊，這不僅為出口企業帶來了更多的訂單，而且大大提高了交易的成功率。

4. 電子商務使企業對實物基礎設施的依賴程度降低

傳統的企業開展國際貿易業務都必須具備相應的基礎設施。進行國際貿易對實物基礎設施的依賴程度要比開展國內貿易高得多，利用電子商務開展國際貿易可以減少企業在實物基礎上的投入。

（二）電子商務對國際貿易的影響

電子商務相比傳統的國際貿易形式有很大的優勢，正是由於這些優勢使得電子商務在國際貿易中發揮著越來越重要的作用，接下來，我們分析一下電子商務對國際貿易產生的影響，這些影響主要有四點：

1. 電子商務改變了貿易主體

大批高新技術企業由於資訊化而產生，專門化的資訊收集、處理和提供諮詢服務的公司或企業也應運而生。現代通信技術把在專業領域擁有核心技術的單個公司與眾多公司相互聯結為透過公司群體網路運作的虛擬公司。這些虛擬公司在專業領域具有卓越的技術，透過開放系統的動態網路組合尋找資源和聯盟，利用現代化資訊技術形成核心競爭力，能夠適應變化的市場環境和消費需求的變化，可以給企業帶來分工合作、優勢互補、資源互用、利益共用的優勢。

2. 電子商務改變了國際貿易運作方式

電子商務提供的互動式網路運行機制為國際貿易提供了一種資訊較為完

備的市場環境，使得資訊跨國界傳遞和資源分享得以實現，滿足了國際貿易快速增長的要求。同時，電子商務使服務於國際貿易的交通工具、付款方式、交付方式變得更便捷。

3. 電子商務深化了國際市場

電子商務推動了無國界全球化大市場的形成，突破了傳統市場以一定的地域存在為前提的格局，形成了以資訊網路為紐帶、以網際網路為載體的無國 界全球化市場。它促進了網路市場和服務貿易的發展，使企業突破了時間與 地域的限制，利用網路平臺獲取商情，與消費者進行雙向溝通，發佈資訊。

4. 電子商務影響了國際貿易政策的取向

電子商務的迅速發展引起了世界經濟貿易組織、各國政府、商業界和消費者的廣泛注意。電子商務在理論和實踐上對國際貿易政策提出了新的要求，對以世界經濟貿易組織為基礎的多邊貿易體制提出了挑戰。電子商務的發展要求國際多邊貿易體制回答多方面的問題，這些問題包括電子商務基本屬性的界定問題、安全性問題、關稅問題、發展中國家問題、智慧財產權問題等。

電子商務的優勢，在國際貿易中的作用日益突出，越來越多的企業開始利用電子商務進行國際貿易，不得不說，電子商務為國際貿易帶來了一次革命。

三、新興電子商務平臺分析

在全球化背景下，電子商務的發展深刻地影響著國際貿易；同時，對貿易形式的發展提出越來越多的挑戰。隨著技術的發展、市場的變化，出現了新興電子商務平臺。移動商務與社交商務在電子商務所創造的虛擬世界中得到了極大發展。

（一）移動商務

移動商務是指透過移動通信網路進行資料傳輸，並且利用移動資訊終端參與各種商業經營活動的一種新的電子商務模式，它的形成得益於新技術條件與新市場環境。凡是透過通信網路開展的商務活動都屬於移動商務，其中有 B2B、B2C、移動政務、移動遠端教育以及透過無線移動設施開展的資訊、貨幣、服務的交換。利用移動設施，可以為原有的客戶提供新的服務，也可以說明企業吸引新的客戶群體。

1. 移動商務的特點

（1）開放性、包容性 由於接入方式的無線化，移動商務使得任何人都更容易地進入網路世界，從而使網路範圍延伸更廣闊、更開放。同時，移動商務使網路虛擬功能更帶 有現實性，因此更具有包容性。

（2）自由與個性化 移動商務無處不在，可以滿足顧客隨時隨地進行消費的需要，使其感受獨特的商務體驗。移動商務的生產者可以利用行動電話的可聯通性與可定位 性的特點發揮主動性，向客戶提供定制化的服務。

（3）潛在使用者規模大 從電腦和行動電話的普及程度來看，行動電話遠遠超過了電腦；從消費用戶群體來看，手機用戶中基本包含了消費能力強的中高端用戶。以移動 電話為載體的移動電子商務在使用者規模與使用者消費能力上都優於傳統的電子 商務。

（4）易於推廣使用 移動通信所具有的靈活、便捷的特點，決定了移動電子商務更適合大眾化的個人消費領域。

2. 移動商務的應用

移動商務的應用有許多種，它主要滿足各種商務活動的需求。這些需求包括通用需求，也包括行業特有需求。我們從企業需求與消費者需求來分析，企業需求可以分為四種：現場工作人員的移動性、交通工具上的移動性、倉儲管理、門店直配路徑設計，消費者的需求有：娛樂、旅行、教育、保健等。這些需求在各行各業都存在，它們驅動著移動商務的發展，使用移動商 務的 主要行業包括：賓館業、教育、保健、零售、批發與分銷、公用事業、製造業、運輸業、物流業等。從圖 10-3 中，我們可以看到移動商務的應用及其分類。

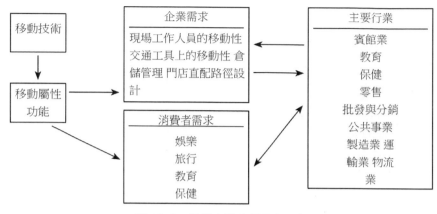

圖10-3 移動商務應用及其分類

（二）社交商務

社交商務是近年來電子商務領域最熱門的話題。有人做過調查，到2010年7月，全球有70多萬家小企業在Facebook網上有自己的網頁；到了2011年2月，這一數量達到了85萬。另一家網站LinkedIn的註冊用戶則超過了9000萬。據統計，全球中有近70%的企業在一定程度上使用了網路社交這一功能。

社交商務指的是透過社交網路或是Web2.0軟體工具開展商務活動。社交商務是電子商務的一個分支，主要是利用社交媒體開展電子商務活動。社交商務有助於社會交往和使用者的內容創造，是社會活動與商務活動的融合。

社交商務的主要表現形式是網路行銷、廣告、銷售等活動，人們一般籠統地稱為社交媒體行銷活動。但是，如今這一領域又湧現出各種新的表現形式，尤其是在企業中的社交商務，人們將其稱為企業社交商務。圖10-4是對形形色色的社交商務的歸納。

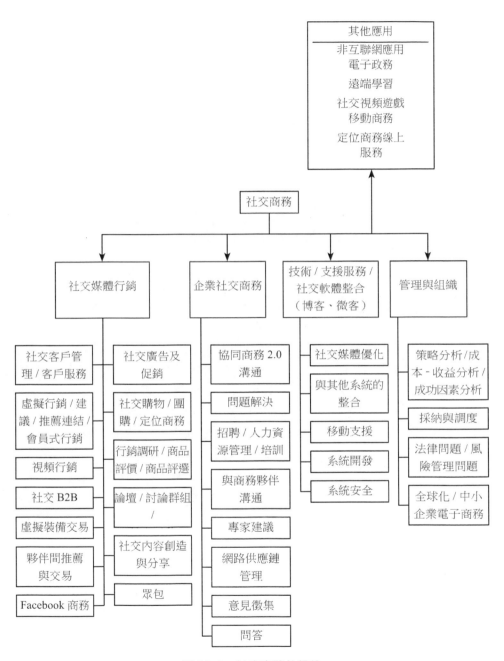

圖 10-4　社交商務的歸納

移動商務與社交商務作為新興的電子商務平臺，已經得到許多企業的認可，在企業的運營中發揮著不可小覷的作用。企業要擴大自己的市場份額、樹立自身品牌、贏得顧客青睞等都可以透過新興的電子商務平臺來達成自己的目的。

第二節　國際電子商務發展機遇

在前面的一節中，我們分析了電子商務在國際貿易中的優勢。隨著經濟全球化的深入發展，電子商務在國際貿易中為企業提供了許多發展的機遇。我們從經濟全球化背景出發，來看電子商務是如何在全球市場中發揮作用的。

一、電子商務開拓國際市場

電子商務使得企業可以與世界各地的客戶進行及時溝通，突破了地域的限制。如今，消費者的購買行為日趨個性化，生產者要對市場機會反應更加敏捷，企業可以利用電子商務來開拓國際市場，發現客戶需求。

總部位於美國西雅圖的跨國電子商務企業亞馬遜，是由傑夫·貝佐斯於1994 年 7 月創建的，它是目前全球最大的互聯網線上零售商之一，其產品與業務主要有零售、消費電子產品、數碼內容、出版業務、計算服務。亞馬遜公司在美國、加拿大、英國、法國、德國、義大利、西班牙、巴西、日本、中國、印度、墨西哥、澳大利亞和荷蘭均開設了零售網站，而其旗下的部分商品也會透過國際航運的物流方式銷往其他國家，這就是亞馬遜在國際上開拓市場的表現。

另外，隨著資訊的傳播以及電視、網路媒體的宣傳，許多顧客產生了對國外產品的需求，由於交通成本高使得顧客對國外的產品望而卻步。但是，隨著電子商務的出現，海外代購已經成為人們生活中常見的方式，對於想要購買國外產品的顧客，在家裡就能進行選擇購買。電子商務使得交易打破了國界，開拓了企業的國際市場。

二、電子商務與國際化生產

生產國際化是經濟全球化的一大趨勢，電子商務在國際化生產中也發揮著重要作用。在國際化生產中，由於國際分工以及專業化生產，企業之間的合作也越來越凸顯，我們可以看到許多產品是由不同國家的不同企業之間進行合作完成的。電子商務在國際化分工與協作中扮演著重要的角色，它簡化了企業之間溝通的成本，提高了企業之間分工協作的效率。

全球航空航太業的領袖公司波音公司是世界上最大的民用和軍用飛機制造商。它生產製造的飛機，其零部件由 70 多個國家的 545 家供應商生產。波音公司作為美國國家航空航天局的主要服務提供者，運營著太空梭和國際空間站。波音公司還提供眾多軍用和民用航線支援服務，其客戶分佈在全球 90 多個國家。就銷售額而言，波音公司是美國最大的出口商之一。

三、電子商務與國際市場行銷

電子商務下的國際市場行銷是一種創新的國際行銷方式，它的開放性、全球性、地域性、低成本與高效率等特徵，改變了傳統的市場行銷方式，為國際市場行銷帶來了革命性的變化。這些變化主要體現在三個方面。

（一）電子商務使國際市場行銷的方式發生變化

企業可以利用互聯網引導消費者的需求，主動創造需求吸引消費者，而不是一味地向消費者推銷。個性化服務與私人化服務越來越受顧客青睞，企業可以根據消費者的需求來提供相應的服務。另外，互聯網可以幫助企業更加深入地瞭解顧客的需求，透過資料分析顧客的消費行為，使企業更好地把握市場走向，同時又有助於企業做好產品的定價。

（二）電子商務使得企業行銷管理發生變化

在市場行銷過程中，行銷管理是當前企業在經濟活動中的一個重要環節，因此電子商務的發展也強調企業行銷管理模式。電子商務的發展包括國際性的電子商務、企業間的電子商務、企業與消費者之間的電子商務三種主要形式，在電子商務活動中，要對企業的行銷物件進行有效分析，透過"消費者—市場分析—競爭對手—分銷—行銷方案—經濟評估—修改"的基本模式，不斷完善行銷管理過程。電子商務有效加強了交易的前期準備，利用互聯網進行產品推廣是一種低成本、高回報的行銷形式，不僅可以有效地節省成本，還可以產生較高的利潤率。同時電子商務提高了合同的執行效率，使貿易磋商過程透明化。雙方可以透過網路充分地瞭解產品資訊，對產品與價格進行多方談判，節省了談判時間和成本。

（三）電子商務使得消費者行為發生變化

電子商務提高了企業之間貿易往來的效率，同時也影響著企業的目標市場——消費者的行為變化。電子商務打破了地域之分，降低了物流、資金流以及資訊流的處理成本，使企業的生產和消費更為貼切，為消費者提供了很大的選擇空間和餘地，使消費者的消費更具個性化。

四、電子商務與網路行銷

網路行銷是一種利用互聯網行銷的形態，它是以國際互聯網為基礎，利用數位化的資訊和網路媒體的交互性來輔助行銷目標實現的一種新型的市場行銷方式。網路行銷的方法有：搜尋引擎行銷、e-mail 行銷、資料庫行銷、博客行銷、RSS（Really Simple Syndication）行銷、Web2.0 行銷、口碑行銷、網路廣告行銷、短消息行銷和其他網路行銷方法。

（一）電子商務與網路行銷的共同點

電子商務與網路行銷都是以電腦網路資訊體制為活動載體，從而進行相應的經濟活動。資訊溝通與資源分享的方式都是電子資料化，雙方的會談都可以透過網路進行，不受地域的影響。網路行銷是企業整體行銷策略的一個組成部分，無論是傳統企業還是互聯網企業都會用到網路行銷。但網路營銷本身不是完整的商業交易過程，它只是促進商業交易的一種手段。電子商務主要是交易方式的電子化，是利用互聯網進行的各種商務活動的總和。網絡行銷是電子商務的基礎，它的出現源於電子商務的普及。我們可以用圖來表示它們之間的關係，如圖 10-5 所示。

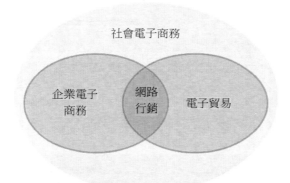

圖 10-5　電子商務與網路行銷的關係

（二）網路行銷與電子商務的區別

1. 網路行銷與電子商務的概念範圍不同

電子商務的內涵很廣，核心是電子化交易，它強調的是交易方式和交易過程的各個環節；而網路行銷注重的是以互聯網為主要手段的行銷活動。發生在電子交易過程中的網上支付和交易之後的商品配送等問題不是網路行銷所能包含的內容，同樣電子商務體系中所涉及的安全、法律等問題也不適合全部包含在網路行銷中。

2. 網路行銷與電子商務關注的重點不同

電子商務的重點包括體制建設、採購、銷售，在電子商務體制建設借助資訊網路實現各個銷售環節的同時，也要完善企業的網路採購體系，從供應商和買家兩方面實現資源的配置與管理。網路行銷則是更多地側重於產品銷售，透過網路打開銷售市場，其重點是尋找買家、網路溝通、訂單達成、售後服務等一系列與銷售有關的經營活動。

3. 是否有交易行為發生是兩者之間的主要分界點

網路行銷是企業經營活動的一部分，不是完整的商業活動，它的主要目的是透過網路實現交易的產生。電子商務的最基礎概念是實現經營活動的電子化，而僅當一個企業的網上經營活動實現了能夠進行電子化交易的程度，就認為是進入了電子商務階段。

電子商務與網路行銷既有相同之處又有不同之處，它們都是企業謀求發展的重要手段，因此，企業在發展中可以利用這兩種手段獲得長久發展。

第三節　國際電子商務的應用分析

　　前面我們講到了電子商務與國際貿易，提到了電子商務是如何對國際貿易產生影響的。同時，我們也分析了電子商務在國際經濟發展中的機遇，在企業開拓國際市場、國際化生產以及開展國際市場行銷中所能為企業帶來的機遇。本小節，我們從四個方面來分析電子商務的應用：電子商務與商流、電子商務與資訊流、電子商務與資金流、電子商務與物流。

一、電子商務與商流

　　在電子商務環境下，商流是指商品在購、銷之間進行交易和商品所有權的運行過程，具體包括接受訂單、購買和銷售等工作。商流反映的只是商品所有權的轉移，並不包含資金的支付、轉移等過程。

商流方式傾向單一化，傳統商品的購銷方式主要有選購、訂購、代購、代銷、聯營聯銷、自由購銷等，在交易中客戶一般都能看到交易商品的實體或樣品。而在電子商務條件下，由於網路的局限性，客戶在網站上看到的只是商家或電子商務服務站提供的商品圖像，而不是真實的商品。客戶對該商品的購買看似是直接選購，其實還只是訂購方式。只有在商家透過認證中心確認客戶訂單後，才能夠進一步回應客戶要求，在這一過程中可能存在實物商品與網站上提供商品有差異的現象，因此在電子商務條件下商流方式傾向單一化。

　　商流的活動內容主要包括：交易前對商品資訊進行收集，進行市場調查；按照市場調查的結果，對商品生產計畫、數量、品質、銷售通路等因素進行調整；買賣雙方透過談判達成交易；交易的履行過程。商流的實現包括交易的前前後後，是連貫的一個過程。企業首先要進行市場調查，瞭解市場訊息以及商品的資訊，根據自己所掌握的資訊對企業產品的各個環節進行調整，作出最適應市場的決策，然後買賣雙方進行談判，最終達成交易，並完成交易。

　　在電子商務環境下，商流使得企業的商務理念和模式發生改變，它改變了傳統的交易方式，為企業提供了便利，使企業更加重視電子商務在貿易中的應用。同時，商流是資金流、資訊流、物流的起點，企業只有更好地把握商流，才能帶動企業的發展。

二、電子商務與資訊流

企業商務活動是企業之間、企業內部各部門之間及企業與消費者之間關於商品、交易等資訊的交換過程。資訊以各種方式、依附於一定的載體在發送者和接收者之間流動，資訊的收集、加工、存儲、傳播、利用、回饋活動構成資訊流的形式和管理過程。

（一）電子商務資訊流的概念

電子商務資訊流是指電子商務資訊透過電腦網路途徑進行傳輸的運動過程，是對商品運動狀態的直接反映。它包括電子商務資訊的產生、收集、傳播、運用與回饋的過程。簡單來說，電子商務資訊流是指商品或勞務資訊的正回饋和負反饋的矛盾運動過程。

資訊流對物流和資金流起著支配和控制作用，而物流和資金流則是資訊流的物質載體。

（二）電子商務資訊流的特點

電子商務資訊流的特點主要有電子化、網路化、資訊標準化和專業化。 1.電子化電子商務中的資訊是依託於現代資訊技術與通信手段以電子化的形式而傳播，及時準確、方便快捷是電子商務資訊流的重要特點，這使得企業在商務活動中能夠及時獲取資訊，迅速作出決策，並將決策及時傳達給企業的各個部門，從而大大縮短實際的交易時間，降低交易成本。

2.網路化

資訊流透過網路可以在世界範圍內流動，突破了傳統的資訊傳播受地域限制的模式，有利於企業把產品推向全球，提高產品的知名度與競爭力。交互式網路資訊流動促進了國際貿易這一世界經濟運行紐帶的發展，達到了跨國界資源和生產要素最優配置的目的，並且可透過網路動態尋找資源和合作夥伴，以適應瞬息萬變的世界經濟競爭環境和客戶個性化需求的發展趨勢。

3.資訊標準化

詢價單、報價單、付款通知單、轉帳通知單、訂單、認證通知單等是需要一套符合標準的技術進行支援的，這也是電子商務資訊流能在網路中自由流動的前提條件。

4.專業化

網路將企業、供應商、仲介服務機構和客戶連在一起，使得資訊的流動更有針對性。網路使企業很容易同每一位元客戶保持連續的"一對一"對話，因而能夠確切瞭解客戶的喜好，並且根據客戶的喜好提供使客戶滿意的產品和服務。

（三）電子商務資訊流的作用

資訊流所具備的這些特點使得其在電子商務中有著重要的作用。

①資訊流是電子商務活動的基礎，使企業能夠在更高的層次上對商務活動進行控制和監督，對資金流、物流的正常運作起媒介和橋樑作用，能夠調節和控制資金流與物流，使之按照既定的經營目標運行。再者，信息流是電子商務中虛擬企業溝通的通路。隨著網路與資訊技術的發展，傳統的價值鏈發生了很大的變化，一批虛擬企業紛紛成立。虛擬企業實質上是利用資訊的傳播手段，把不同地區的現有資源組合成為一種超越空間、統一經營的實體。虛擬企業能夠在企業功能上不完整、組織結構上非永久及地域上分散的情況下，透過對資訊的集成與管理，發揮資源的整體效益，增強企業的競爭能力。

②資訊流使得企業電子商務活動的效率得到了大大地提高。電子商務突破了地域的限制，簡化了商品的流通環節，提高了交易效率，縮短了資訊流動的時間，使生產和消費更為貼近。

③資訊流為企業降低了成本，提高了服務的效率。資訊流的方便性、快捷性使得商務活動之間的交易成本降低，從而降低了企業的成本，同時也提高了企業的服務效率。

④資訊流等資訊資源是電子商務活動中重要的競爭手段。電子商務使得企業的競爭環境發生變化，企業要在競爭中取得優勢，必須要瞭解新環境的商務特點。利用資訊流可以建立良好的客戶關係，提高市場拓展能力。電子商務為不同國家不同企業提供了一個相對公平的競爭環境，改變了以往的市場准入條件，可以使中小企業依靠信息從市場中獲得更大利潤。

三、電子商務與資金流

在電子商務活動過程中，企業財產物資的貨幣表現就是資金，而這些資金總是處於不斷地運動之中，資金的流入和流出統稱為資金流。貨幣資金有兩種運作方式：其一就是轉化為金融資本形態，即進入資本市場進行金融投資，這類處於金融資本形態的資金可隨時在資本市場上轉化為貨幣資金；其二就是轉化為儲備資金形態，準備投入生產。在生產過程中，隨著生產費用的支出，資金就從儲備資金形態轉化為生產資金形態。產品製成以後，資金又從生產資金形態轉化為成品資金形態。在銷售過程中，企業出售產品並取得銷售收入，這時企業資金又從成品資金形態轉化為貨幣資金形態。

　　電子商務資金流的一個顯著特點就是支付形式的網路化，電子商務資金流的外在表現形式就是資訊流。它具備電子商務資訊流的一般特點，如數位化、直接化、透明化。電子商務資金周轉速度快，在電子商務支付平臺的支撐下，由於企業、銀行、稅務、消費者等都在網上有自己的平臺，資訊傳遞速度和辦理交易與結算手續速度加快，從而使資金周轉速度加快。電子商務資金流通範圍廣，在電子商務環境下，電子貿易的發展必將促進資金在全世界範圍內的流動，並且加快統一的世界貨幣的形成。世界貨幣的產生又會反過來促進資金在世界範圍內的流動，從而推動世界經濟朝全球化方向發展。在電子商務環境下，資金支付輕便、成本低、安全性高。電子商務支付平臺的支撐使資金支付的成本很低，很多公司都從中受益。而且，電子商務的支付協定充分借用了尖端加密與認證技術，設計細緻，安全可靠，交易雙方不會被非法支付和抵賴或者是冒名頂替。

　　資金流在電子商務中發揮著重要作用。資金流的簡便快捷有利於實現電子商務中資訊的高速運轉，電子商務資訊化使商務交易整個過程速度加快，線上電子支付系統可以實現無紙化交易，加速資金的周轉率和周轉速度，縮短付款時間。資金支付環節的低成本運營有利於降低電子商務的成本，電子商務借助網路改變了資訊流的傳播方式，資金流和物流的交換也隨之發生變化，形成了新的商務流通模式。資金流通的全球化有利於擴大電子商務的市場範圍。電子商務是在網路環境中產生的，具有全球性質。線上支付採用信用卡、電子現金、電子錢包、電子支票和數位貨幣等電子支付工具，以金融電子化網路為基礎，以商用電子化機具和各類交易卡為媒介，以電子技術和通信技術為手段，用電子資料形式存儲在銀行的電腦系統中，並透過計算機網路的資訊傳遞實現電子錢流通，實現金融活動全面自由和金融市場全球開放，能夠適應電子商務活動無國界的貨幣傳輸、支付和結算要求。

四、電子商務與物流

物流是指物質實體的流動過程，具體指運輸、儲存、配送、裝卸、保管、物流資訊管理等各種活動。對於少數商品和服務來說，可以直接透過網路傳輸的方式進行配送，如各種電子出版物、資訊諮詢服務等。而對於大多數商品和服務來說，物流仍要經由物理方式傳輸。

物流是電子商務的重要組成部分，電子商務的本質是商務，商務的核心內容是商品的交易，商品交易會涉及四個方面：商品所有權的轉移、貨幣的支付、有關資訊的獲取與應用、商品本身的轉交，即商流、資金流、資訊流、物流。以前人們對物流在電子商務中的重要性認識不夠，對於物流在電子商務環境下應發生的變化也認識不足，認為對於大多數商品和服務來說，物流仍然可以經由傳統的經銷通路。但隨著電子商務的進一步推廣與應用，物流能力的滯後對其發展的制約越來越明顯，物流的重要性對電子商務活動的影響被越來越多的人所關注。

物流是實現電子商務的保證，同時也是生產順利進行的保障。離開了現代物流，電子商務就變得不完善。從生產來說，不論是傳統貿易還是電子商務，生產都是商品流通之本，生產的順利進行需要各類物流活動的支持，缺少現流生產就無法進行。物流是實現以 "顧客為中心" 理念的根本保障。電子商務的實現最大程度上方便了最終消費者，消費者只需在家中上網流覽商品完成支付就可以購買自己所需的物品。因此，物流的快慢就極大地影響著顧客購物的滿意程度，如果缺少現代物流技術與管理，電子商務給消費者所帶來的便捷就為零了。

電子商務現代物流發展的方向是多功能化，追求的目標是提供優質服務，發展的道路是資訊化。物流在電子商務中的重要角色決定著現代物流必須要具備這些條件。電子商務的興起帶動了物流的發展，物流業要抓住這個機會就必須提高自身的服務以及自己的資訊技術。

第四節　電子商務的安全問題與法律保障

　　電子商務作為一種全新的商務模式有很大的發展前途，但是，在電子商務融入到社會各個方面的同時，它帶來的可能風險也很大。電子商務對管理水準、資訊傳遞技術提出了更高的要求，其中安全體系的構建十分重要。電子商務的安全問題主要有交易的安全性得不到保障、電子商務的管理不夠規範、電子支付問題、電子合同的法律問題等。

一、電子商務交易活動的安全保障

　　網路技術的發展使電子商務在貿易活動中起到的作用越來越重要，但是在開放的網路上進行商貿活動，如何保證傳輸資料的安全成為電子商務能否普及的最重要因素。交易前存在雙方身份認證的問題，因為交易雙方是在網絡平臺上的虛擬空間進行交易，雙方可能在不同的國家，交易當事人不直接見面，雙方只能透過資料、符號、信號等進行判斷、選擇，具體的商業行為也依靠電子信號和資料的交流，交易的當事人無法用傳統商務中的方法來保障交易的安全。在交易中，合同的法律效力以及完整性、保密性是主要的問題，電子商務中的合同是電子合同，其法律效力如何取決於法律的有關規定。由於網路的開放性，交易雙方的資料面臨著被他人截取和篡改的可能。交易後存在電子記錄證據力問題，電子合同的證據是電子化的，容易被偽造和篡改，而且很難發現改動的痕跡。因此，電子合同的證據力在傳統證據規則中是受到限制的。

　　為保證電子商務技術性的安全，電子商務交易過程中主要採用的安全技術有加密技術、認證技術和安全認證協議。為解決電子合同的證據力問題，聯合國國際貿易法委員會在《電子商業示範法》第九條中規定：對於以資料電文為形式的資訊，應給予應有的證據力。在評估一項資料電文的證據力時，應考慮到生成、儲存或傳遞該資料電文的辦法的可靠性、保持資訊完整性的辦法的可靠性、用以鑑別發端人的辦法，以及任何其他相關因素。

二、電子商務安全措施

電子商務帶來了世界經濟結構的變革，為世界帶來全新的商務規則和銷售方式，這就要求在管理上要做到科學規範。政府應積極介入依存於網路的電子商務管理，促進網路健康、穩定地發展，制約網路上的違法行為。電子商務交易平臺直接面對消費者，它的內部經營管理體系是完成電子商務活動的必備條件，關係到業務最終能不能實現。

電子商務的網上支付透過信用卡支付和虛擬銀行的電子資金劃撥來完成，而實現這一過程涉及網路銀行與網路交易客戶之間的協定、網路銀行與網站之間的合作協定以及安全保障問題。銀行家和電子技術專家沒有對電子銀行和電子商務的網路標準完全達成一致，但他們都認識到存在於虛擬空間的網絡標準是和金融交易存在著聯繫的。金錢以電子化的方式在網上傳播，使黑客有機可乘，交易額易被他們截取而放入自己的帳戶中或從事其他犯罪活動。電子商務的支付問題需要用法律的形式詳細規定出電子支付命令的簽發與接受、接受銀行對發送方支付命令的執行、電子支付的當事人承擔的權利和義務等。

電子合同存在容易編造、難以證明其真實性和有效性的問題，並且現有的法律制度尚未對電子合同的數位化印章和簽名的法律效力進行規範。資訊網路中的資訊具有不穩定性或易變性，這就造成了資訊網路發生侵權行為時，鎖定侵權證據或者獲取侵權證據難度極大，對解決侵權糾紛帶來了較大的障礙。聯合國國際貿易法委員會在 1996 年 12 月透過的《電子商業示範法》第六條中寫明：＂如果法律要求資訊須採用書面形式，則假若一項資料電文所包含資訊可以調取以備日後查用，即滿足了該項要求。＂並且在第十一條中規定：＂就合同的訂立而言，除非當事各方另有協議，一項要約以及對要約的承諾均可透過資料電文的手段表示。如使用了一項資料電文來訂立合同，則不得僅僅以使用了資料電文為理由而否定該合同的有效性或可執行性。＂

電子商務是非常有發展前途的，但是在發展電子商務的同時，要解決好電子商務中的安全問題，只有保證網路安全交易的可靠性，才會使交易雙方放心，促成交易的順利完成。

> > >

阿里巴巴

　　阿里巴巴集團創立於 1999 年，是一家提供電子商務線上交易平臺的公司，業務包括 B2B 貿易、網上零售、購物搜尋引擎、協力廠商支付和雲計算服務。集團的子公司及關係公司有阿里巴巴 B2B、淘寶網、天貓、一淘網、阿里雲計算及支付寶 旗下的淘寶網和天貓在 2012 年銷售額達到 1.1 萬億人民幣，超過亞馬遜公司和 eBay 之和。

　　繼成立 B2B 網上交易平臺阿里巴巴後，阿里巴巴集團於 2003 年 5 月投資 1 億元人民幣創建網上購物平臺淘寶網。2004 年 10 月，阿里巴巴集團投資成立支付寶，面向中國電子商務市場推出協力廠商擔保交易服務。由於在網上交易的 雙方之間的信任程度非常低，為了保證彼此之間的利益，阿里巴巴推出了支付寶協力廠商擔保交易服務，保障了交易雙方的利益。支付寶提供支付以及理財服務，包括網購擔保交易、網路支付、轉帳、信用卡還款、手機充值、水電煤繳費、個人理財等多個領域。在進入移動支付領域後，為零售百貨、電影院線、連鎖商超和計程車等多個行業提供服務，還推出了餘額寶等理財服務。

　　影響電子商務交易量的另外一個問題就是品質問題，阿里巴巴旗下的淘寶網也面臨著這樣的問題。2014 年 8 月到 10 月，工商總局網監司委託中國消費者協會開展了網路交易商品定向監測活動。此次監測共完成 92 個批次的樣品採樣，其中有 54 個批次的樣品為正品，正品率達到 58.7%，非正品率為 41.3%。據瞭解，此次監測以網路交易平臺、大型購物網站為重點監測目標，以電子產品、兒童用品、汽車配件、服裝、化妝品和農資等為重點監測種類，以高知名度商標、涉外商標等為重點取樣商品品牌。從各購物網站的監測結果來看，淘寶網的樣本數量分佈最多，但其正品率最低，僅為 37.25%。為此，2015 年 1 月 27 日，淘寶宣佈即時成立由 300 人組成的 "打假特戰營"，並繼續在全社會招募最優秀的人才，專職配合與政府部門、智慧財產權權利人以及 普通消費者線上下的合作和聯動，以圖利用大資料打假的契機，聯動全社會 的力量，更為徹底有效地解決困擾全社會多年的假貨難題。

　　阿里巴巴已經成為中國最大的網路公司和世界第二大網路公司，但是在其發展中我們也看到了存在的諸多問題，這些問題的解決不是一蹴而就的，而是在發展中慢慢地得到改善，相信透過企業、社會、政府之間的合作與努力，電子商務發展的問題會逐漸得到完善與解決。

>>>

國際案例

強生公司的新媒體行銷

強生公司是世界上最大的藥品與保健品生產企業，在全世界擁有 10 萬多名員工。公司面臨的一個主要問題就是其大部分產品都受到政府的嚴格監督，主要是生產環節與行銷環節。在資訊時代，使用線上交流工具與顧客聯繫並提供支援對公司來說非常重要。在過去幾年中，強生公司對新媒體的使用采取一種開放式的策略，取得了顯著的業績提升。

1. 採用新媒體 透過新媒體的使用，在過去幾年中強生公司的線上業務取得策略性增長。

下面介紹幾種他們使用的策略。

（1）Web1.0 時代。1996 年強生公司開創了 110 年來的先例，使用 jnj.com 網站在網路世界首次投放廣告。這個 Web1.0 網站展現的是一個簡單的介紹公司產品的線上宣傳冊。

（2）Web2.0 時代。Kilmer House（Web2.0 時期的第一個博客）。2006 年，在使用 Web1.0 十多年後，強生公司推出了公司第一個 Web2.0 廣告工具。創建該博客的目的是以此種方式講述公司早期歷史以及曾在這裡工作過的員工故事。博客是說明企業進入 Web2.0 的最好方式。

（3）JNJ BTW（Web2.0 時期的第二個博客）。2007 年，Kilmer House 上線一年後，公司發佈了第二個博客。公司使用這個博客發出"公司之音"。JNJ BTW 成為公司參與涉及強生公司相關的網路討論的平臺，並提供一些有關衛生保健的公共教育。

強生公司在 You Tube 上建立的健康頻道。透過對前三種媒體的使用，公司積累了提供較好內容又不違反相關法律規定的經驗。2008 年 5 月，公司快速發佈了兩段 JNJhealth 的測試視頻，分別是"南茜博士談前列腺癌"和"胃旁路手術"。第二個視頻記錄了一個名叫切爾西·劉易維斯的姑娘胃旁路手術的過程，視頻中強調了她為什麼選擇手術的方式以及術後的感受。到目前為止，該視頻被流覽 20 多萬次，並有 390 多個評論發表。這個視頻成為強生公司與消費者互動的最好工具。透過對這兩個視頻進行的測試，2008 年 6 月 30 日，該網站正式開始運行。

Twitter 和 Facebook。2009 年 3 月，公司開通 Twitter 通路，網站由 JNJ BTW 博客的編輯 Marc Monseau 負責進行監管及更新。2009 年 4 月，公司創

建了它的第一個 Facebook 網站，並且網站上包含了公司的發展歷程。Twitter 和 Facebook 作為溝通工具引導訪問者進入 JNJ BTW 博客，以便更好地瞭解強生公司。

2. 移動廣告活動

強生公司在 2007—2009 年還開展了一系列的移動廣告活動。

（1）強生公司利用即時通信工具開展強生美瞳促銷活動。2007 年調查顯示 85% 的人使用即時通信這種形式與朋友進行日常聯繫，調查還顯示亞洲人普遍認為即時通信具有友好的介面、設計精緻且趣味性強。即時通信和微軟數位廣告策劃公司共同開發了一款叫作 Saving Momo 的遊戲，有意思的是這款遊戲位於供用戶下載的即時通信主題包裡。該主題包裡的牆紙、圖片及一些表情符號都在凸顯強生公司的美瞳 Acuvue 品牌。

（2）使用多通路移動策略。2008 年，公司使用來電廣告視頻、SMS 以及手機網路建立了一個新的通路向目標客戶發送廣告。公司使用 woodoovox 來電網路吸引目標客戶填寫公司無線申請協定表格。一旦顧客填好表，德國電話服務供應商 MindMatic 就會以強生公司的名義密切關注 Woodoovox，並且為顧客提供一次免費的試驗經歷——試戴日拋型放大片。

（3）強生公司的仙特明（Zyrtec）和蘋果 2.0。仙特明是一種非處方抗過敏藥物，2008 年取得了 3.159 億美元的銷售額。2009 年，強生公司和天氣預報頻道進行了一次手機廣告活動，將旗幟廣告放到天氣預報頻道的應用程式上，允許 iPhone 用戶免費下載。天氣預報頻道每月的線上使用者超過 3 800 萬，它是南美最流行的線上查詢天氣方式。使用這種旗幟廣告的好處是它不會妨礙應用程式的運行，即使是在點擊廣告標語之後也是如此。因此，移動廣告為消費者帶來便利的同時，也提高了品牌的知名度，因此它創造的是一個雙贏的結果。

（4）強生亮眸投放 VIVA。2012 年 2 月 7 日至 3 月 14 日，VIVA 暢讀通過對強生亮眸 TM. 的深度報導，強化讀者對產品 "二周 14 天" 的概念理解與病毒行銷視頻的推廣，讓消費者深入瞭解強生亮眸產品 "越短越健康" 的佩戴理念；並且透過廣告投放，強化讀者對 @ 強生亮眸 TM.SINA 官方微博關注度及活動互動。在投放過程中，強生亮眸分別投放了 VIVA 暢讀用戶端首頁通欄、活動專區通欄和按鈕，20 本高端雜誌內頁全屏廣告，並成功打造了強生亮眸品牌專區，在品牌專區中成功植入了無線新媒體各種創新手段，如植入品牌軟文、病毒視頻、微博 API 外鏈等。成功的效果投放是最關鍵的，強生亮眸在本次 37 天的投放中，針對 VIVA 暢讀手機版 4600 萬用戶，總共達到了近 1.2 億次曝光，品牌廣告位點擊數量 2 000 萬次，強生亮眸的病毒視頻傳播達到了 30 萬次，新浪微博 API 外鏈達到了 31 萬次點擊，總共參與活動人數達到 12024 人。

　　強生亮眸透過本次對 VIVA 暢讀的投放，為品牌開闢了無線新媒體行銷的通路，極大地拓寬了其品牌的行銷推廣思路；利用 VIVA 暢讀無線新媒體"資訊精、閱讀快、互動性強"的讀者特性，創意並精編品牌曝光內容與讀者進行互動活動，取得了極大的品牌曝光效益；並且透過 VIVA 無線新媒體平台進行讀者資料的有效收集，對其獲得有效客戶的資料起到積極的推進作用。

　　強生公司採用新媒體以及移動廣告的行銷方式可以說取得了很大的成功，它的產品也被越來越多的人喜愛。不得不說，隨著科學技術的發展，特別是移動終端在人們生活中的應用，很多企業開始利用移動廣告的形式進行產品行銷，這對企業來說，是一個良好的機遇，可以為企業帶來更多的顧客。

第十一章
主要國際市場概況分析

文獻綜述

　　世界貿易組織（WTO）發佈的 2013 年年度貿易統計報告顯示，商品貿易出口值前 4 名為中國大陸、美國、德國、日本，進口值前 4 名為美國、中國大陸、德國、日本。全球商品出口值在 2012 年只增長了 0.2%，這與 2010年和 2011 年時所出現的顯著擴張形成鮮明對照。分析同時表明，發展中國家商品出口增長了 3.6%，但已開發國家出口的下降將這一增長幾乎完全抵消。聯　合國貿易和發展會議最新統計顯示，2012 年發展中國家商品出口的增長主要　源於石油和天然氣出口國的亮麗表現。非燃料出口國在 2012 年的商品出口則　下降了 2.54%。與此同時，已開發國家商品出口下降了 2.75%。統計顯示，商品　出口的放緩隨處可見，無論是在發展中國家，還是在已開發國家。

　　世界貿易組織 2013 年 7 月 18 日發佈的《2013 年世界貿易報告》，分析了世界貿易可能出現的趨勢以及目前和將來經濟、社會和政治因素如何對這些趨勢造成影響。在過去的 30 年裡，國際貿易的增速超過全球產出的增速，新的貿易參與方崛起，其中主要是發展中國家和快速工業化的亞洲經濟體。報告強調，運費和通信成本的大幅降低推動了全球貿易體系的發展。另外，旨在減少貿易障礙的跨國政治和經濟合作在維持持續的貿易增長方面發揮了關鍵作用。人口、投資、技術、能源及其他自然資源、運輸成本和制度是影響全球貿易的重要經濟因素。人口變化會影響貿易模式和進口需求，外資投資會促進國際供應鏈的發展，技術會創造比較優勢並降低貿易成本，自然資源的價格變動會對經濟活動和全球貿易造成重大影響，而葉岩氣變革可能深刻影響能源產出和貿易格局，運輸成本影響著貿易額、貿易方向和貿易模式，制度的改進也會降低貿易成本，並形成比較優勢。除經濟因素外，報告還指出，未來世界貿易格局

第一節　國際市場地區發展概述

一、美國市場

　　美國是當代最大的發達資本主義國家，國內生產總值居發達資本主義國家之首。美國擁有豐富的勞動力資源、自然資源、投資資源和發達的科學技術。高度發達的工業、農業和龐大的政府採購以及巨額的高消費，使美國具

有其他資本主義國家所不能比擬的廣闊的國內市場。美國市場容量大、接納性強、法規健全、行業協調、重品質講品牌，尤其重視產品安全。圖 11-1 為美國 2008.1—2014.9 貿易賬，反映了美國進出口持續較高增長。

圖 11-1　美國 2008.1—2014.9 貿易賬

　　對外貿易對美國經濟的發展起了重要作用，對外貿易也是影響美國國際收支狀況的重要因素。出口貿易為商品和勞務提供了市場，透過擴大出口減少失業。進口貿易為國內工業提供了原料、燃料，如美國工業的一些零配件日益依靠進口。美國一些大汽車製造廠，如通用、福特和克萊斯勒，生產汽車用的零部件已有 20% ～ 30%從國外進口。國內消費的電子產品裝備中，一半以上的零部件是從海外輸入的。亞非拉發展中國家是美國工業製成品和農產品的銷售市場，又是策略物資、原料和燃料的供應地。美國政府有意識地透過對外貿易調整國內的部分工業結構。對一些費原料、費勞力、污染嚴重、技術簡單、利潤小的工業產品和半成品，如金屬軋鋼、紡織品、服裝、鞋類、日用電器等，都逐漸透過進口代替國內生產，或在國外設廠加工後，再將成品運回國內銷售。而國內的工業則盡可能向生產和出口高、精、尖的工業產品方面發展。

　　美國對外貿易政策與措施主要有以下三點：

（一）貿易自由化

　　1947 年美國同其他資本主義國家一起簽訂了 "關稅與貿易總協定"。通過關稅與貿易總協定主持的七輪貿易談判，美國的關稅壁壘大大降低。

（二）新貿易保護主義

新貿易保護主義從 20 世紀 70 年代中期起在美國出現。新貿易保護主義的主要表現是：
①限制進口的主要措施從關稅壁壘轉向非關稅壁壘。
②擴大徵收 "反傾銷稅" 和 "反補貼稅" 的行動。
③加強財政、金融、外匯等鼓勵出口措施。

（三）突出對智慧財產權的管理

美國是世界上最大的智慧財產權貿易國，所以 20 世紀 80 年代以來，美國 更加關注和加強其對智慧財產權的保護和管理。《1988 年綜合貿易法》針對外國 對美國智慧財產權存在的保護問題而制定了 "特殊 301 條款"，授權美國貿易代 表將對智慧財產權沒有提供保護的國家認定為 "重點國家"，並可自行根據該條 款對上述國家的 "不公正" 貿易做法進行調查和採取報復措施。

二、歐元區市場

歐元區是指歐洲聯盟成員中使用歐盟的統一貨幣——歐元的國家區域。使用歐元的國家德國、法國、義大利、荷蘭、比利時、盧森堡、愛爾蘭、希臘、西班牙、葡萄牙、奧地利、芬蘭、斯洛維尼亞、賽普勒斯、馬爾他 15 國稱為歐元區。

歐元區最重要的經濟資料來自於德國這個歐元區內最大的經濟體，其主要經濟資料包括：國內生產總值、通貨膨脹率、工業產值和失業率。還有，歐元區每個成員國的財政赤字對歐元也有影響，依照歐元區穩定和增長協議，各國財政赤字必須控制在 GDP 的 3% 以下，且各國都要有進一步降低赤字的目標。圖 11-2 為歐元區 2008.1—2014.9 貿易賬，顯示歐元區國際貿易整體保持持續增長。

與匯市其他匯率相比較，歐元兌美元最容易受到政治因素的影響，法國、德國或義大利的國內因素以及有地緣關係的東歐國家政治、經濟上的不穩定都會影響到歐元的市場表現。

圖 11-2　歐元區 2008.1—2014.9 貿易賬

三、日本市場——日本經濟復甦步履日漸沉重

日本 2014 年第一季度的表現強於預期，然而第二季度經濟增長率環比下降 1.8%，換算成年率為下降 7.1%，為 2009 年第一季度以來最大跌幅。消費稅的提高導致個人消費持續下降。支撐個人消費增長的實際收入也出現了問題，厚生勞動省調查結果顯示，2014 年 7 月全國職工實際收入下降了 1.7%，連續 13 個月下降。日本內閣府在 2014 年 9 月的《經濟展望調查》中也修改了對本國經濟的基本評估，認為應警惕由消費稅上漲所帶來的 "下行風險" 以及對經濟的持續負面作用。日元的大幅貶值並未帶來出口的復甦，由於日本產業結構的變化，支撐經濟的三駕馬車之一——出口貿易依然低迷，日本財務省資料顯示，2014 年 8 月貿易出口額同比下跌 1.3%，逆差達 9 485 億日連續 26 個月保持逆差。 日本本身經濟發達，現在消費也不是很旺，加上日本是島國，排外性比較強，所以外國品牌在日本打開市場是很難的，特別是電子產品類，但服裝 等相對低檔次產品向日本銷售會容易一點。

四、俄羅斯市場

獨聯體國家繼續面臨著具有挑戰性的國際環境，圍繞烏克蘭危機和可能針對俄羅斯經濟體更廣泛部門的經濟制裁，導致了大規模資本外流和消費者信心的進一步減弱，儘管俄羅斯在基礎設施項目上投入財政支出，但預計其增長率將非常低。由於政治危機、能源問題、私人消費疲軟、貿易流動中斷和重大財政緊縮，烏克蘭經濟在 2014 年萎縮。

五、亞洲市場

亞洲國家基本上都還是發展中國家，所以可以合作的市場很多，如基礎設施方面。亞洲貨幣市場又稱為亞洲美元市場，是指亞太地區的銀行經營境外貨幣的借貸業務所形成的市場。亞洲貨幣市場，是由亞洲、太平洋地區的美元存、放款活動而形成的金融市場。這個市場是為滿足亞太地區的經濟發展的需要而產生的，其發展對亞太地區的資金融通以及全球性國際金融市場的業務擴展都起到了積極的作用。西亞內部的不穩定和較低的石油出口繼續影響經濟前景，經濟活動將繼續得益於擴張性的財政政策。地緣政治緊張局勢可能進一步影響區域的經濟前景。下面以中國為例進行介紹。

中國在 2014 年下半年採取了有限的、有針對性的政策措施來支援經濟活動，包括中小企業稅收減免、加快財政和基礎設施支出以及有針對性地下調準備金利率。2015 年 1～2 月，中國新設立外商投資企業 3 831 家，同比增長 38.6%；合同外資金額 3 143.2 億元人民幣（折 512.6 億美元），同比增長 102.4%；實際使用外資金額 1 381.9 億元人民幣（折 224.8 億美元），同比增長 17%。2015 年 1～2 月吸收外資的突出特點是服務業實際使用外資高速增長。1～2 月，服務業實際使用外資金額 843.5 億元人民幣（折合 137.3 億美元），同比增長 30%，在全國總量中的比重為 61%；其中金融服務、運輸服務業實際使用外資規模較大，分別為 305.5 億元人民幣（折合 49.79 億美元）、46.6 億元人民幣（折合 7.53 億美元）。

六、拉美市場

拉美是指美國以南的美洲，名稱由來是因為大部分國家都講拉丁語系語言，如西語、葡語等。想開發南美洲市場的企業很多，但是對南美市場瞭解的企業卻不是很多，尤其是對巴西。巴西的產品可以輻射到整個拉丁美洲，是中國強有力的競爭對手，而且現在巴西不斷推出針對中國的貿易保護政策。智利、巴西等南美國家能講英語的人極少，開發南美洲市場應注意語言的問題。還有當地人的生活習慣、社會環境等，如智利人很喜歡耐用的東西，若能讓客戶相信產品品質好，能使用很長時間，客戶就不太計較價格上的差異。

目前對於中國資本而言，拉美國家的投資價值主要有三類：能源資源主導類、技術主導類、金融主導類。能源資源主導類的國家有巴西、智利、委內瑞拉、厄瓜多爾等；技術主導類的國家有巴西、墨西哥、古巴（如可再生能源投資）等；金融主導類的地區有開曼群島、英屬處女島、百莫大等加勒比地區。目前中國投資者在拉美的經營活動普遍技術含量較低，在一定程度上給當地人帶去了污染，因此不大受當地人的青睞。近幾年，拉美國家經濟持續低迷。在巴西，金融條件的收緊以及商業和消費信心的持續低落抑制了投資並阻礙了消費增長。在墨西哥，建築業的疲軟和美國經濟復甦的減緩導致 2014 年經濟增長率低於預期。

第二節　國際合作

東亞、拉美、非洲等地區以發展中國家為主體的區域合作蓬勃發展。一些發展中國家之間區域合作勢頭加強，成為不同地區之間合作的重要紐帶。巴西、印度、南非已建立三國合作框架，亞洲與非洲、亞洲與拉美、拉美與中東之間的經濟聯繫日益緊密。各國均試圖透過強強聯合、強弱互補的模式加快區域集團建設，實現市場、資源的優化配置，謀求在新的世界經濟格局中佔據優勢地位。美國全面推動建立 "美洲自由貿易區"，歐盟借東擴之機加快區內金融、服務一體化進程，拉美兩大經濟組織南方共同市場和安第斯共同體宣佈加快自由貿易談判，東協 "10+3" 和上海合作組織作為亞洲兩個支柱性機制深入發展。未來國際經濟關係將逐漸由國家之間的較量和競爭轉向區域經濟集團之間的角逐，圍繞全球經貿政策、金融體制的鬥爭與協調將主要在經濟集團之間展開。下文以一份非洲發展報告為例進行國際合作的案例介紹。

2013 年 7 月 22 日，由中國社會科學院西亞非洲研究所和社會科學文獻出版社共同舉辦的《非洲黃皮書：非洲發展報告（2013—2014）》發佈會暨"大國對非政策的新動向與中非關係發展的國際環境"研討會在中國社會科學院西亞非洲研究所召開。

黃皮書指出，一大批發展中國家的群體性崛起及南南合作的不斷深化，是中非關係快速發展的一個重要背景。根據經合組織（OECD）的研究，以購買力平價計算，2000 年發展中國家的 GDP 占全球 GDP 份額為 40%；2011年，這一比例升至 49%；2030 年，這一比例有可能將達到 57%。伴隨發展中國家的整體復興，南南合作得到顯著發展，中國、印度、巴西等新興大國加大了對非洲發展的關注。在南非於 2010 年 12 月成為金磚國家之後，金磚國家組織成為推動非洲發展的重要平臺。

從地緣政治的角度來說，發展中國家的復興浪潮及南南合作的新發展直接導致了國際政治力量的多元化，原先"一超多強群弱"的國際格局正在發生顯著變化，"一超走弱"、"多強並起"、"群弱漸強"已經成為當前國際政治格局的生動寫照。特別是新興國家對非洲發展的深度參與，改變了原先西方傳統大國壟斷非洲的舊有局面，從而深刻改變著非洲的地緣政治格局。非洲國家可以借助於新興經濟體國家的力量來制衡西方傳統大國對非洲實施的外交壓力，從而在政治自主性、獨立性以及在國際事務中的影響力方面獲得更大發展。

同時，黃皮書也指出，西方大國加大對非介入使中非關係面臨的國際環境更趨複雜。"9·11"事件後，美國藉"反恐"之名，在非洲實施了兩項重要的策略部署：一是小布希政府於 2007 年正式組建非洲司令部；二是當前歐巴馬政府加大了在非洲的軍事部署，美國已先後在衣索比亞、塞內加爾、吉布地和尼日等非洲國家建立軍事基地並部署無人機。從根本上講，美國在非洲的戰略目的是要維護美國治下的霸權體系，而非洲是其全球霸權的重要一環。

素有"非洲憲兵"之稱的法國，近年來顯著加大了對非洲的軍事介入，對非政策的"再軍事化"色彩明顯加強。2011 年法國出兵干涉利比亞內戰，2013 年以來又相繼出兵馬利和中非。2013 年法國《國防與國家安全白皮書》再次確認了非洲對於法國的重要地緣策略地位，並將東起幾內亞灣，經西非海岸，中經馬格里布地區、紅海，到東非之角和索馬利亞的廣闊地區視為法國的重要關注區域，形成了一條"幾內亞—索馬利亞"策略地帶。面對大國競逐非洲的現實及非洲地緣政治環境的日益複雜化，法國重新拾起了軍事干預這道最後的武器，以便擠壓其他大國在非洲的存在和發展空間，維護法國在非洲既有的政治經濟與文化利益。法國的作為，勢必影響到中國在非洲特別是在北非、西非和中非部分國家的利益的拓展和影響力的提升。

第三節　案例介紹

────────────────────────────────────── ＞＞＞

國際案例

SISI　發佈《國際航運市場分析報告》

2014 年 10 月 11 日，上海國際航運研究中心（SISI）發佈《國際航運市場分析報告 2014 年第三季度回顧與第四季度展望》，內容涵蓋《國際貨櫃箱運輸市場 2014 年第三季度回顧與第四季度展望》、《國際幹散貨運輸市場 2014 年第三季度回顧與第四季度展望》、《國際油輪運輸市場 2014 年第三季度回顧與第四季度展望》。

2014 年三季度全球經濟增長低於預期，特別是中國經濟的下行壓力明顯增大，歐元區主要國家也面臨增長下行風險，日本在提高消費稅後，國內需求的下降幅度超過預期。俄羅斯和獨聯體的經濟疲軟反映了地緣政治緊張局勢對外國投資、國內生產和信心的影響。其他新興市場經濟體如拉美主要國家的國內需求持續疲軟，大宗商品價格走低，經濟活動出現減速。從整體情況來看，美國經濟形勢相對較好，對於全球經濟增長的支撐作用逐步加大。

國際貨櫃運輸市場方面，三季度，全球集運市場旺季效應得到延續，直到 9 月中旬開始增長動力有所減弱，太平洋、南美和澳新等遠洋航線運輸 需求上漲尤為明顯。三季度班輪聯盟效應擴散化，不僅表現在第一、第二梯 隊的大公司在亞歐、泛太等主幹航線上的聯合，區域內班輪公司的合作和聯 營趨勢也不斷加劇。三季度中國出口貨櫃運價指數（CCFI）均值 1 102.86，同比增長 0.43%，環比上升 1.50%。

國際乾散貨運輸市場方面，三季度初，國際幹散貨運輸市場運價延續二季度走跌態勢，運價整體處於低位；中期在巴礦推動下實現大幅反彈，反彈位置回到千點常態，但由於缺乏持續強勁需求支撐，動力不足，後續上升空間明顯受到抑制。截至 2014 年 9 月 30 日，波羅的海幹散貨指數（BDI）指數報收於 1 063 點，三季度均值為 950 點，同比（季度）大幅下降 26.5%，環比（季度）小幅下降 3.3%。 國際油輪運輸市場方面，三季度受經濟回暖影響帶動原油進口需求，原油海運需求相應有所增加。

同時，全球成品油需求也小幅上升，成品油海運需求回暖。運價方面，原油運價指數（BDTI）呈現強勢回升，季度後期一路下挫；受美國自駕出遊季節和夏季車空調用油增加影響，成品油運價指數（BCTI）有所上漲。 報告預計，全球經濟下行壓力加大，處於疲軟的不均衡的復甦路徑上。

美國經濟保持良好的發展態勢；歐元區復甦全面放緩，預期仍然主要是受到低通脹和高失業率的影響，另外也受到地緣政治的不確定性影響，主要核心國家經濟增長失速，歐元區經濟不容樂觀；新興經濟體面臨的經濟結構性矛盾並沒有根本緩解，未來的增長在外部環境無重大改善和內部矛盾無根本解決的情況下，面臨的風險進一步加大。

國際集裝箱運輸市場方面，四季度全球集裝箱海運量同比增幅 6.98%，全球集裝箱船隊總運力同比增幅 7.87%。市場供需增速不平衡，供需失衡進一步加劇。四季度進入集運市場淡季，貨量會出現季節性減少，但是耶誕節和春節效應會帶動貨量短期回升。受到班輪公司之間大船規模經濟的競爭激烈的影響 班輪聯盟的競爭態勢也愈演愈烈。預計四季度運價會呈現下跌走勢，並且伴隨小幅波動。

國際乾散貨運輸市場方面，支撐國際乾散貨運輸市場的主要新興經濟體並沒有擺脫經濟增長的結構性矛盾，尚未進入穩步增長的軌道。四季度，市場處於傳統旺季，但旺季因素仍會受到需求疲軟的制約，運價將在千點常態波動，向上運行空間受到抑制，需求端向下波動概率增大，運價存在潛在下行壓力。鐵礦石供應格局突變仍然是四季度國際乾散貨運輸市場面臨的最大的不確定因素。

國際油輪運輸市場方面，預計四季度受冬季來臨影響，石油需求將出現不同幅度的增長，原油運價指數（BDTI）將呈現先低迷徘徊、後震盪上行狀態，成品油運價指數（BCTI）預計將呈現小幅回升趨勢。

> > >

國際案例

海爾的 "本土化" 發展

海爾集團創立於 1984 年，前身是青島電冰箱總廠，多年來持續穩定發展，已成為在海內外享有較高聲譽的大型國際化企業集團。產品從 1984 年的單一冰箱發展到擁有白色家電、黑色家電、米色家電在內的 96 大門類 15 100 多個規格的產品群，並出口到世界 160 多個國家和地區。海爾集團是世界第四大白色家電製造商、中國最具價值品牌。旗下擁有 240 多家法人單位，在全球三十多個國家建立本土化的設計中心、製造基地和貿易公司，全球員工總數超過 5 萬人，重點發展科技、工業、貿易、金融四大支柱產業，已發展成全球營業額超過 1 000 億元規模的跨國企業集團。海爾集團堅持全面實施國際化策略，已建立起一個具有國際競爭力的全球設計網路、製造網路、行銷與服務網路。現有設計中心 18 個、工業園 10 個、海外工廠及製造基地 22 個、營銷網點 58 800 個。在國內市場，海爾冰箱、冷櫃、空調、洗衣機四大主導產品的市場份額均達到 30% 左右；在海外市場，海爾產品已進入歐洲 15 家大連鎖店的 12 家、美國前 10 大連鎖店。在美國、歐洲初步實現了設計、生產、銷售 "三位一體" 的本土化目標。海外工廠全線運營。

1999 年 4 月，海爾在美國南卡州建立了美國海爾工業園，園區占地 700 畝，年產能力 50 萬台。2000 年正式投產生產家電產品，並透過高品質和個性化設計逐漸打開市場。這意味著第一個 "三位一體本土化" 的海外海爾的成立，即設計中心在洛杉磯、行銷中心在紐約、生產中心在南卡州。2002 年 3 月 5 日，海爾買下紐約中城格林尼治銀行大廈作為北美的總部，建立海爾產品展示大廳。海爾美譽傳遍美國市場，海爾在拓展市場份額的同時，也給美國消費者留下了深刻的印象，獲得了讚譽。設計充分滿足消費者的個性化需求，產品線從單一的小冰箱、小冷櫃，發展成同主流品牌競爭的龐大產品群。目前，海爾產品已順利入駐美國排名前 10 大的連鎖集團，並獲得 "最佳供貨商"、"免檢供應商資格" 等榮譽。

海爾在美國的社會貢獻得到當地認可和稱讚。為表彰海爾對南卡投資和對當地發展所作的貢獻，開姆頓市所在的 Kershaw 縣政府將 2001 年的 "社區貢獻獎" 頒發給了海爾；2002 年，南卡州政府更授予海爾美國工廠 "創造就業獎"，而且為了支持南卡工廠更好更快地發展，南卡州政府還給予海爾美國工廠優惠的工資稅返還待遇，該專案被政府認為是貿易帶動投資的典範；市政府無償將市里的一條大路命名為 "海爾大道"。

海爾的海外本土化經營符合發展中國家對外直接投資的投資誘發要素組合理論。海爾在美國的本土化經營是 "三位一體"，行銷中心設在紐約（可以利用紐約的商業優勢）、設計中心設在洛杉磯（可以利用當地的人才優勢）、製造中心設在南卡羅萊納州卡紹縣（可以利用當地的土地和勞動力成本優勢以及南卡州政府吸引外資的優惠政策）。三位一體，形成本土化的美國海爾，其雇員也主要是美國人。這樣的美國海爾已是地地道道的美國公司，它所設計和製造的產品也完全符合美國消費者的習慣和喜好。按照美國消費者的要求在洛杉磯進行設計，然後透過紐約直接向全美的銷售網路和服務網路進行鋪墊和控制，南卡州就隨時製造出來並運到全美各地，這樣就形成了一個美國本土化的海爾。

國際案例

調查顯示近20%的消費者有意購買iWatch

2013 年 4 月有消息稱美國市場研究公司 ChangeWave Research 發佈的調查表明，共有 19% 的北美消費者有可能購買傳言中的蘋果 iWatch 智慧手錶。 此次調查的時間為 2013 年 3 月 4 日至 19 日，調查對象為 1 713 名消費者，主 要來自北美。

該報告顯示，共有 5% 的消費者很有可能購買 iWatch，另有 14% 或許有 可能購買。相比而言，2010 年的一份調查表明，約有 18% 的受訪者有可能購 買當時還處於傳言階段的蘋果 iPad 平板電腦，其中有 4% 很有可能。而 2005 年的調查顯示，同樣有 18% 的受訪者可能購買搭載英特爾處理器的 Mac 電腦。 提升消費者對蘋果智慧手錶興趣的最主要因素是蘋果用戶的忠誠度，在有可 能購買 iWatch 的受訪者中，有 18% 表示，他們之所以作出這一選擇，最主要 還是信任蘋果公司。在可能購買 iWatch 的受訪者中，另有 16% 的人表示他們 最感興趣的是智慧手錶可能帶來的便利，14% 看重它的 "炫酷因素"，11% 認 為這款設備可以與其他蘋果產品輕鬆互動。

正是得益於市場對智慧手錶的高度期待，使得創業公司 Pebble 透過眾籌 平臺 Kickstarter 籌集了 1 000 多萬美元資金，用於開發智慧手錶。微軟、三星、 谷歌和 LG 也都在開發智慧手錶。ChangeWave Research 分析師安迪·格魯布 （Andy Golub）當時預測說："蘋果以往推出的產品都非常易用，而且很酷， 這也是促使傳言中的 iWatch 尚未發佈就獲得不菲需求的原因。雖然 iWatch 未 必存在，但倘若存在，就必將被外界寄予厚望——這有望成為蘋果的又一次巨大成功。"

‖ 參考文獻 ‖

[1] 卞志剛，劉博晰，董慧博 . 市場行銷學 [M]. 長春：東北師範大學出版社，2005.

[2] 陳美萍 . 電子商務對國際貿易的影響 [J]. 合作經濟與科技，2011(3).

[3] 陳文漢，陳彥章，李明武 . 國際市場行銷 [M]. 北京：清華大學出版社，2013.

[4] 大眾財經圖書中心 . 新編常用經濟詞典 [M]. 北京：中國法制出版社，2013.

[5] 代海濤 . 企業策略管理 [M]. 北京：中國農業大學出版社，2011.

[6] 董兵兵 . 金融市場波動相關性的理論解釋 [J]. 現代管理科學，2012(2):54-56.

[7] 董豫婷 . 市場調查在行銷決策中的應用研究——以 A 公司產品市場調查為例 [D]. 青島：中國海洋大學出版社，2008(6):12-15.

[8] 杜吉澤，程鈞謨 . 市場分析（第二版）[M]. 北京：經濟科學出版社，2010.

[9] 弗萊格 . 資訊安全原理與應用 [M]. 北京：電子工業出版社，2007:135-138.

[10] 顧春梅，李穎灝 . 國際市場行銷學 [M]. 北京：人民郵電出版社，2013.

[11] 洪遠朋 . 世界市場與價格 [J]. 市場體系與市場秩序建設及價格改革，1994(1):13-17.

[12] 黃東，易志高，茅寧 . 中國企業國際化策略模式分析及其選擇 [J]. 現代經濟探討，2009(4):36-40.

[13] 黃鳴曦 . 探討電子商務對未來市場營銷的影響 [J]. 經營管理者，2013(6):286.

[14] 紀春禮，李健 . 中小企業國際化路徑選擇——基於國際化方向與國際化層次維度的策略模型分析 [J]. 經濟與管理，2010，3(24):63-66.

[15] 康有樞，滕德祥 . 行情與行情學———一個被誤解了的概念和一門被忽視了

的學科 [J]. 國際貿易問題，1982(1):1-5.

[16] 藍春花. 電子商務與企業信息化現狀及發展戰略 [N]. 企業導報，
     2009(10):176-178.

[17] 李敏，黃愛華. 國際企業管理（第 2 版）[M]. 廣州：華南理工大學出版
     社，2006.

[18] 李睿. 中國市場行銷通路管理創新研究 [J]. 現代商業，2009(6):96-97.

[19] 劉慧珠. 從封閉走向開放 企業涉外經貿合作實務 [M]. 北京：中國人民大
     學出版社，1998:137.

[20] 魯國明. 開創西湖旅遊的新局面 [J]. 浙江統計，1994(10).

[21] 魯桐. 中國企業國際化實證研究——以工業企業為例 [D]. 北京：中國社會
     科學院，2001.

[22] 馬豔，程恩富，馮金華. 現代政治經濟學創新 [M]. 上海：上海書店出版
     社，2007.

[23] 史有春. 關鍵描述變數在市場細分中的仲介作用研究 [J]. 商業經濟與管理，
     2010(5):87-95.

[24] 王冰. 中國企業跨國經營的必要性與可行性分析 [J]. 北方經貿，
     2004(12):7-9.

[25] 王粉萍. 國際貿易實務 [M]. 北京：北京理工大學出版社，2010:17-18.

[26] 王俊傑. 電子商務安全問題及其應對策略 [J]. 特區經濟，2007(7).

[27] 吳必虎，徐斌，等. 中國國內旅遊客源市場系統研究 [M]. 上海：華東師
     范大學出版社，1999.

[28] 席酉民. 企業外部環境分析 [M]. 北京：高等教育出版社，2005.

[29] 楊巧明. 經濟全球化時代中國企業核心競爭力的構建 [J]. 北京工商大學學
     報（社會科學版），2003，16(4):12-14.

[30] 楊楠，趙衛旭. 市場行銷學 [M]. 北京：北京大學出版社，2012.

[31] 張德存. 世界市場行情分析 [M]. 北京：科學出版社，2009:123-126.

[32] 張禮卿. 經濟全球化的成因、利益和代價 [J]. 世界經濟，1999(8).

[33] 張黎，Marsha A. Dickson. 通路權利理論與國外品牌服裝在中國的行銷渠
     道 [J]. 行銷研究，2004(3):44-49.

[34] 張麗. 線上評論的客戶參與動機與評論有效性研究——基於中國大型 B2C

電子商務網站的實證分析 [D]. 南開大學，2011.

[35] 張倩，王敏聰 . 電子商務對中國國際貿易的影響 [J]. 中國商貿，2011(24).

[36] 張淑欣 . 經濟全球化對發展中國家的影響及對策 [J]. 黑龍江金融，2007(3).

[37] 張文松 . 企業成長策略：走向卓越之路 [M]. 北京：清華大學出版社，
2013.

[38] 張曉濤 . 從替代、互補到交叉融合——試論國際貿易與國際直接投資的關
系 [J]. 經濟師，2004(1):14-15.

[39] 趙麗 . 電子商務核心技術 [M]. 北京：原子能出版社，2010:87-89.

[40] 中國電子商務協會 . 國際電子商務概論 [M]. 北京：人民郵電出版社，2004.

[41] 莊貴軍，席酉民，周筱蓮 . 權利、衝突與合作——中國行銷通路中私人關
系的影響作用 [J]. 管理科學，2007，3(20):38-46.

[42] Efraim Turban, David King, Jae Lee, et al. Electronic Commerce 2012:
Managerial and Social Networks Perspectives [M]. Englewood Cliff: Prentice
Hall, 2011.

[43] Harlow Augustus Gale. Psychological Studies by Harlow Gale[M]. Montana:
Kessinger Publishing, 2010.

[44] Jay Barney. Firm Resources and Sustained Competitive Advantage[J]. Journal
of Management, 1991, (1)17:99-120.

[45] Karl Marx, Das Kapital[M]. Orleans: Grin Verlag, 2008.

[46] Louis T. Wells. Third World Multinationals: The Rise of Foreign Investments
from Developing Countries Hardcover[M]. Cambridge: The MIT Press, 1983.

[47] Michael E.Porter. Competitive Strategy Techniques for Analyzing Industries
and Competitors[M]. Los Angeles: Free Press, 1998.

[48] Peter Drucker. The Practice of Management[M]. New York: Kogan Page Ltd,
2006.

[49] Peter R. Dickson. Person-situation: Segmentations Missing Link[J]. Journal of
Marketing, 1982, 46(44).

[50] Philip Kotler, Kevin Keller. Marketing Management: Application, Planning,
Implementation and Control[M]. Englewood Cliff: Prentice Hall, 2005.

[51] Prahalad, Hamel. The Core Competence of the corporation[J]. Harvard business

review, May, 1990.

[52] Russell I. Haley. Benefit Segmentation: A Decision-oriented Research Tool[J]. Journal of Marketing, 1968, 32(7).

[53] Theodore levitt. Globalization of Market[J]. Harvard business review, May, 1983.

[54] Wells, Louis, Ahmed, Rafiq. Making Foreign Investment Safe[M]. England: Oxford Univ Pr, 2011.

[55] Wendell Smith. Product Differentiation and Market Segmentation as Alternative Marketing Strategies[J]. Journal of Marketing, 1956, 21(7).

國家圖書館出版品預行編目(CIP)資料

國際市場分析 : 管理,行銷與研究 / 鄭紅 編著. -- 第一版.
-- 臺北市 : 崧燁文化, 2019.01

　　面 ;　　公分

ISBN 978-957-681-786-1(平裝)

1.國際市場 2.市場分析

496.3　 108000350

書　　名：國際市場分析：管理，行銷與研究

作　　者：鄭紅 編著

發行人：黃振庭

出版者：崧燁文化事業有限公司

發行者：崧燁文化事業有限公司

E-mail：sonbookservice@gmail.com

粉絲頁　　　　　　　網　　址：

地　　址：台北市中正區重慶南路一段六十一號八樓 815 室

8F.-815, No.61, Sec. 1, Chongqing S. Rd., Zhongzheng
Dist., Taipei City 100, Taiwan (R.O.C.)

電　　話：(02)2370-3310 傳　真：(02) 2370-3210

總經銷：紅螞蟻圖書有限公司

地　　址：台北市內湖區舊宗路二段 121 巷 19 號

電　　話：02-2795-3656　 傳真：02-2795-4100　 網址：

印　　刷　：京峯彩色印刷有限公司（京峰數位）

　　　本書版權為旅遊教育出版社所有授權崧博出版事業股份有限公司獨家發行
電子書繁體字版。若有其他相關權利及授權需求請與本公司聯繫。

定價：400 元

發行日期：2019 年 01 月第一版

◎ 本書以POD印製發行

獨家贈品

親愛的讀者歡迎您選購到您喜愛的書，為了感謝您，我們提供了一份禮品，爽讀 app 的電子書無償使用三個月，近萬本書免費提供您享受閱讀的樂趣。

iOS 系統　　　　安卓系統　　　　讀者贈品

請先依照自己的手機型號掃描安裝 APP 註冊，再掃描「讀者贈品」，複製優惠碼至 APP 內兌換

優惠碼（兌換期限2025/12/30）
READERKUTRA86NWK

爽讀 APP

📖 多元書種、萬卷書籍，電子書飽讀服務引領閱讀新浪潮！

協助您閱讀，萬本好書任您挑選

三個月沉浸在書海中

打造專屬閱讀時光

不會有任何騷擾或詐騙電話。